Peter Friccius

# Ein Beitrag zur Hasenscharten-Statistik aus der Chirurgischen

# Poliklinik

Und dem Anscharhause zu Kiel

Peter Friccius

**Ein Beitrag zur Hasenscharten-Statistik aus der Chirurgischen Poliklinik**
*Und dem Anscharhause zu Kiel*

ISBN/EAN: 9783743611979

Hergestellt in Europa, USA, Kanada, Australien, Japan

Cover: Foto ©berggeist007 / pixelio.de

Manufactured and distributed by brebook publishing software
(www.brebook.com)

Peter Friccius

**Ein Beitrag zur Hasenscharten-Statistik aus der Chirurgischen**

**Poliklinik**

# Ein Beitrag

zur

# Hasenscharten-Statistik

## aus der chirurgischen Poliklinik und dem Anscharhause

## zu Kiel.

---

## Inaugural-Dissertation

zur Erlangung der Doctorwürde

der medicinischen Facultät zu Kiel

vorgelegt von

## Peter Friccius,

prakt. Arzt in Kiel.

Kiel, 1896.

Druck von A. F. Jensen.

# Ein Beitrag

zur

# Hasenscharten-Statistik

### aus der chirurgischen Poliklinik und dem Anscharhause

## zu Kiel.

## Inaugural-Dissertation

zur Erlangung der Doctorwürde

der medicinischen Facultät zu Kiel

vorgelegt von

## Peter Friccius,

prakt. Arzt in Kiel.

———

## Kiel, 1896.

Druck von A. F. Jensen.

# Die Hasenscharten in der Kieler chirurgischen Poliklinik von 1875—1895.

## Ein Beitrag zur Hasenschartenstatistik.

In der Festschrift zum 70. Geburtstage des Herrn Geheimrats von Esmarch äussert sich mein hochverehrter Chef, Herr Professor Petersen, über Hasenscharten-Operation folgendermassen:

»Hasenscharten operire ich meistens ambulant und am liebsten möglichst bald nach der Geburt, vorausgesetzt, dass es sich überhaupt um ein lebensfähiges oder nicht zu schwaches Kind handelt. Diese Gepflogenheit habe ich niemals zu bereuen gehabt. Je jünger das Kind, desto ruhiger ist es nach der Operation, desto weniger leicht reisst es sich die Naht mit den Fingern auf, desto eher werden die mit einer Hasenscharte oder einem Wolfsrachen verbundenen Nachteile beseitigt, beziehentlich vermindert, desto grösser ist der Einfluss der Operation auf den wachsenden, verunstalteten Oberkiefer. Ich mache aber die Operation bei kleinen Kindern stets ohne Chloroform und stets bei mehr oder weniger aufrechter Stellung des Kindes, so dass mir ein stärkerer Blutverlust nicht entgehen kann, der ja auf diese Weise auch sehr leicht zu vermeiden ist. Wie man überhaupt Kinder durch Blutverlust bei oder nach der Hasenschartenoperation verlieren kann, ist mir unverständlich, selbst wenn man genötigt ist, die Wange an der Seite der Missbildung in grösserer Ausdehnung von dem zurücktretenden Oberkiefer abzulösen.

Zur Ausführung der Operation wird das Kind auf einer Fussbank in folgender Weise befestigt: Die zunächst wagerecht auf der Erde stehende Fussbank (von 80 cm Länge, 28 cm Breite und 38 cm Höhe) wird mit einer wollenen Decke und einem reinen

Leinentuch bedeckt. Darauf kommt das Kind zu liegen, das nur
mit einer wollenen Decke und darüber mit einer leinenen breiten
Binde festgewickelt wird. Mit den ersten Bindengängen geht man
über die Knie, die dadurch gestreckt werden, mit andern Gängen
giebt man den Füssen eine Stütze von unten. Die Arme werden
während der Einwicklung, die bis zum Halse geht, in gestreckter
Stellung an den Leib gedrückt. Ist die Einwicklung vollendet,
dann stellt man die Bank mit dem Fussende auf einen Tisch oder
einen Stuhl, wobei die Stütze durch den einen Fuss der Bank
gegeben ist. — Ebenso kann man das Kind auf ein einfaches
Brett festwickeln und dieses dann auf eine Staffelei stellen. Es
ist dabei nur wünschenswert, der Bequemlichkeit halber, dass ein
Gehülfe, seitlich hinter der Staffelei stehend, diese mit den Armen
umfassen und so mit den Händen den Kopf des Kindes gut fest-
halten kann.

In der letzten Zeit habe ich in ähnlicher Weise operirt, wie
Girard das Hagedorn'sche Verfahren abgeändert hat, und ich
muss sagen, dass ich mit dem Ergebnis sehr zufrieden bin. Da
diese Girard'sche Methode sehr wenig bekannt zu sein scheint,
so möchte ich sie hier recht warm empfehlen. Die Höhe der
Oberlippe am Spalt wird dadurch vergrössert, und der so leicht
entstehende Einkniff (bei einfachen Spalten) ganz oder fast ganz
vermieden. — Ein weiterer Vorteil besteht darin, dass die Ver-
einigungsfläche eine grössere und dadurch die Aussicht auf Heilung
eine bessere wird.

Ich operire nicht ganz so wie Girard, zur Erläuterung mögen
untenstehende Abbildungen dienen.

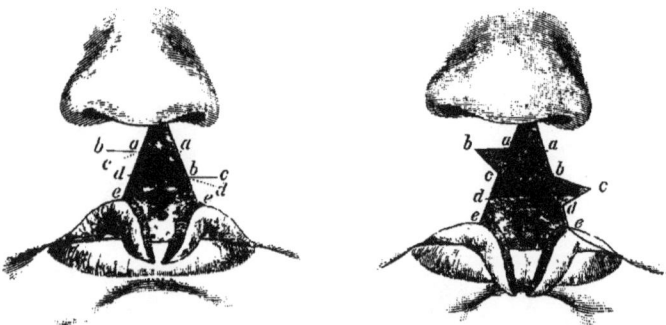

Es werden zwei seitliche Lappen nach Malgaigne gebildet, der Schnitt verläuft am roten Lippensaume zwischen Haut und Schleimhaut. Die seitlichen Wundränder werden in Gedanken in drei gleich grosse Teile geteilt, und man macht dann an der einen Seite zwischen oberem und mittlerem Drittel, an der andern Seite zwischen mittlerem und unterem Drittel einen wagerechten Einschnitt,*) und zwar muss dieser Einschnitt so tief sein, wie ein Drittel des Spaltrandes lang ist. Die Vereinigung ist aus der Abbildung leicht zu erkennen.

Die beiden aus Lippenrot bestehenden Lappen können nun nach Malgaigne vereinigt werden, oder man schneidet nach Mirault-Langenbeck den einen oder andern Lappen, wie es am besten passt, weg (siehe punktirte Linie) und legt den erhaltenen herüber. Insofern könnte man die Operation auch eine Abänderung der Malgaigne'schen oder Mirault-Langenbeck'schen Methode nennen. Die Ähnlichkeit mit der Hagedorn'schen und der Girard'schen besteht in der Zickzacknaht.

So fasst Herr Professor Petersen die Grundsätze kurz zusammen, nach denen er in zwanzigjähriger Praxis Hasenscharten operirt hat.

So weit es mir möglich war, habe ich in diesem Frühjahr Nachforschungen angestellt nach den in der chirurgischen Universitätspoliklinik und dem Anschar-Hause zu Kiel von 1875—95 operirten Hasenscharten, um an der Hand der Statistik zu erfahren, wie weit wir mit unseren Operationsresultaten zufrieden sein können.

Im Ganzen finde ich in den Krankenjournalen 117 Fälle von Hasenscharten, von denen 115 zur Operation kamen. — Die Krankengeschichten sind meist weniger eingehend geführt; über die poliklinisch Operirten, mehr als die Hälfte der Gesamtzahl, finde ich durchgehend nur die Diagnose, Alter, den Tag der Operation und in einzelnen Fällen das Operationsresultat verzeichnet, so dass es grösstenteils der Katamnese zufiel, die Krankengeschichten zu vervollständigen, um ein Bild über das definitive Resultat zu erhalten. — Über 31 der Operirten fehlen mir Nachrichten nach der Entlassung, es war mir unmöglich, ihren Aufenthalt zu ermitteln, da einzelne Ortsvorsteher mir ihre Mithülfe versagten.

---

*) Im letzten Jahre werden die Schnitte nicht wagerecht, sondern schräge gemacht, wie die punktirte Linie zeigt.

Es bleiben also noch 86 Fälle, die ich für eine Mortalitäts-Statistik verwerten kann. Die grössere Anzahl der Überlebenden habe ich selbst gesehen, über die Auswärtigen haben mir Kollegen und Ortsvorstände in liebenswürdiger Bereitwilligkeit Auskunft erteilt. 86 Fälle sind für eine Statistik ein kleines Material, zu klein, um im Einzelfalle sichere Schlüsse ziehen zu können; ich werde mich daher bemühen, meine Fälle der schon vorhandenen Litteratur einzureihen. Der Vorzug meines Materials liegt in einer langen Beobachtungszeit und der Einheitlichkeit des Operateurs.

In Folgendem stelle ich die Spaltbildungen nach Sitz, Ausdehnung und Verteilung auf die beiden Geschlechter zusammen, und füge meine Resultate den kleinen Tabellen ein, die ich vorfinde bei Bein:[1] 52 Fälle von Hasenscharten.

|  | Männlich | Weiblich |
|---|---|---|
| Herrmann [2] | 118 | 79 |
| Fritzsche [3] | 30 | 22 |
| Bryant [4] | 30 | 17 |
| Abel [5] | 60 | 30 |
| Müller [6] | 170 | 100 |
| Girard [7] | 33 | 19 |
| Gotthelf [8] | 35 | 21 |
| Petersen [9] | 74 | 42 |
|  | 550 | 330 |

Auf 550 männliche kommen also 330 weibliche Hasenscharten, was einem Prozentsatze von 62,5 zu 37,5 entsprechen würde.

[1] Bein, 52 Fälle von Hasenscharten. J. D. Bern 1890.

[2] Herrmann, Beiträge zur Statistik und Behandlung der Hasenscharten. J. D. Breslau 1884.

[3] Fritzsche, Beiträge zur Statistik und Behandlung der angebornen Missbildungen des Gesichts. Zürich 1878.

[4] Bryant, The surgery of the mouth, pharynx etc. Guys Hospital Reports 1861.

[5] Abel, Beiträge zur Statistik der Mortalität nach Hasenscharten-Operationen. J. D. Göttingen 1885.

[6] Müller, die Hasenscharten der Tübinger chirurgischen Klinik in den Jahren 1845—1885. Tübingen 1885.

[7] Bein, l. c.

[8] Gotthelf, die Hasenscharten der Heidelberger Klinik 1877—1883. Mit besonderer Berücksichtigung der Mortalitätsstatistik und einem Beitrage zur Odontologie. Langenbeck's Archiv Bd. 32. Berlin 1885.

|  | Links | Rechts | Doppelseitig |
|---|---|---|---|
| Herrmann | 97 | 38 | 62 |
| Fritzsche | 28 | 12 | 12 |
| Abel | 58 | 20 | 36 |
| Groll *) | 19 | 6 | — |
| Müller | 142 | 62 | 66 |
| Girard | 28 | 13 | 11 |
| Gotthelf | 20 | 9 | 17 |
| Petersen | 55 | 23 | 28 |
|  | 447 | 183 | 232 |

Von 862 Fällen waren 52 % linksseitige. 21 % rechtsseitige.
27 % doppelseitige Hasenscharten.

Das Verhältnis der einfachen Hasenscharten zu den komplizirten (ohne Berücksichtigung der Art und der Grösse der Gaumenspalte), geht aus folgender Zusammenstellung hervor:

|  | Nicht komplizirte | Komplizirte |
|---|---|---|
| Herrmann | 71 | 126 |
| Fritzsche | 17 | 35 |
| Hoffa **) | 34 | 46 |
| Abel | 33 | 81 |
| Groll | 11 | 14 |
| Girard | 18 | 34 |
| Petersen | 40 | 76 |
|  | 224 | 412 |

In 636 Fällen von Hasenscharten war also 412 mal auch Kiefer oder Gaumen von der Missbildung betroffen, d. h. in 64,8 %. während es sich in 224 Fällen gleich 35,2 % um einfache Lippenspalte handelte.

Wie die Geschlechter an der Hochgradigkeit der Spaltbildung beteiligt sind, zeigt folgende Tabelle:

|  | Komplizirte | | Nicht komplizirte | |
|---|---|---|---|---|
|  | M. | W. | M. | W. |
| Herrmann | 76 | 50 | 42 | 29 |
| Fritzsche | 24 | 11 | 6 | 11 |
| Bryant | 20 | 6 | 10 | 11 |

*) Groll, Beitrag zur Statistik der Hasenscharten. J. D. Würzburg 1888.

**) Hoffa, zur Mortalität der operirten Hasenscharten und Gaumenspalten. Archiv für klin. Chirurgie Bd. 33. Berlin 1886.

|          | Komplizirte |     | Nicht komplizirte |     |
|----------|:-----------:|:---:|:-----------------:|:---:|
|          | M.          | W.  | M.                | W.  |
| Groll    | 10          | 4   | 6                 | 5   |
| Abel     | 46          | 15  | 14                | 15  |
| Girard   | 23          | 11  | 10                | 8   |
| Petersen | 47          | 28  | 25                | 14  |
|          | 246         | 125 | 113               | 93  |

es waren also von 577 Fällen:

Komplizirt männlich       42,6 %

»       weiblich      21,7 %

Nicht komplizirt männlich 19,6 %

»      »     weiblich   16,1 %

Diese Zusammenstellungen berechtigen zu folgenden Schlüssen: Die einseitigen Spalten überwiegen die doppelseitigen, die linksseitigen überwiegen die rechtsseitigen, die komplizirten die nicht komplizirten. Bei komplizirten wie bei nicht komplizirten ist das männliche Geschlecht häufiger betroffen, als das weibliche.

Gotthelf sagt l. c. pg. 359: »Das schönere Geschlecht wird überhaupt seltener und dann vorwiegend von den leichteren Graden der Spaltbildung betroffen. Die Natur zeigt also hier ein den Bestimmungen des Geschlechts zweckmässig angepasstes Verhalten.« Ein Überwiegen des weiblichen Geschlechtes bei den einfachen Hasenscharten, auf das vor Gotthelf schon Fritzsche l. c. pg. 6 aufmerksam machte, erweist sich also an einem grösseren statistischen Materiale als nicht zutreffend.

Über die Ätiologie der Hasenscharten haben die zahlreichen Veröffentlichungen seit 1885 wenig Neues und Bemerkenswertes gebracht. Eihauterkrankungen, amniotische Bänder, Abnormitäten in der Menge des Fruchtwassers, Raumbeschränkung im Uterus, Zwischenlagerung einzelner Körperteile, direkte Verletzungen etc. werden von allen als Momente angeführt, welche als direkte Ursache der Missbildung angesehen werden könnten und als solche konstatirt worden sind, ohne dass die einzelnen Autoren imstande wären an ihren Fällen die angeführten Ursachen häufiger nachzuweisen. Auch ich habe bei meinen Nachforschungen nicht mehr Erfolg gehabt, als meine Vorgänger. Angaben über die Menge des Fruchtwassers finde ich nur in 3 Fällen (22, 51, 70), 1 mal musste die Nachgeburt in Narcose gelöst werden (83); Blutsverwandtschaft der Eltern liess sich nur 1 mal nachweisen.

Diejenigen Fälle, in denen sich ausser der Hasenscharte gleichzeitig noch andere Missbildungen vorfinden, sind vielleicht imstande uns auf die richtige Fährte zu bringen. So fand Kölliker*) bei Lippenspalten gleichzeitig Verdopplung von Fingern und Zehen (9 mal), Spina bifida (3 mal); Fehlen der Fibulae und Radii; Hypospadie; Hydrocephalus; Makrostoma; Hernia diaphragmatica; Vasa omphalo-mesent.; Perforatio septi ventr. cordis; Mangel der Augen; verkümmerten Penis; Klumpfüsse; Fritzsche**) fand gleichzeitig Unterlippenfisteln (2 mal); Zehenverwachsungen und angeborne Kniekontrakturen; Gotthelf***) Verwachsung des Kehldeckels (1 mal), Strabismus divergens (1 mal), leichten Exophthalmus; Syndaktylie und Fehlen zweier Phalangen der Zeigefinger; Weichteilsbrücke zwischen Lippe und Kiefer (je 1 mal); Bein†) 1 mal 3 Unterlippenfisteln. In meinen Krankengeschichten ist angegeben angeborne Ptosis auf der Seite der Spaltbildung (F. 44), Cutis pendula vor dem linken Tragus; und ausgedehnte Defekte an Hand und Vorderarm (ausführliche Angaben s. Nr. 12).

Dieses Vorkommen mehrerer Missbildungen an demselben Individuum legt den Gedanken nahe, dass die Ätiologie für diese Missbildungen zum Teil dieselbe sein dürfte, andrerseits aber berechtigt sie uns zu dem Schlusse, auch für solche Hasenscharten hereditäre Belastung anzunehmen, deren Familienmitglieder keine Hasenscharten, wohl aber Missbildungen wie die oben angeführten aufzuweisen haben.

Auf die Heredität ist schon seit längerer Zeit als auf das wichtigste ätiologische Moment hingewiesen worden, während wieder andere Autoren der Heredität wenig Bedeutung zumessen möchten. In seinem Handbuch über Chirurgie sagt Bruns, dass er in allen von ihm operirten Fällen nur einmal erblichen Einfluss nachweisen konnte. Er ist daher geneigt, dem sog. Versehen, einem angenommenen Einfluss psychischer Affecte der Mutter auf den Foetus in ihrem Schosse (Gotthelf l. c. pg. 360) mehr Bedeutung beizulegen. Über das »Versehen« äussert sich Herrmann l. c. pg. 14: »Im Volke gilt das Versehen, wie für alle andern con-

---

*) Kölliker, Über das os intermaxillare des Menschen und die Anatomie der Hasenscharte und des Wolfsrachens. Halle 1882.
**) l. c. pg. 7 und 8.
***) l. c. pg. 361.
†) l. c. pg. 5.

genitalen Missbildungen, auch für die Hasenscharten als Ursache. Ich habe das in allen Fällen, wo ich die betr. Frauen sprach, konstatiren können.« Derartige Angaben der Mütter sind gewiss mit grösster Vorsicht aufzunehmen; denn es ist nur zu natürlich, dass eine Mutter, beschämt einem missgestalteten Kinde das Leben gegeben zu haben, ängstlich nach einer ausserhalb liegenden Ursache für die Missbildung suchen wird. Je niedriger dann der Bildungsgrad der Mutter ist, desto weniger Wert wird man ihren Angaben beilegen dürfen. Nur 8 Mütter haben mir das Versehen als Ursache angegeben, 5 davon verlegten das Versehen in den ersten Monat der Gravidität. Da aber meine Anamnesen erst nach Jahren aufgenommen sind — in den ursprünglichen Krankengeschichten finde ich keine Bemerkungen über diesen Punkt — muss ich wohl annehmen, dass die Aufnahme der ersten Anamnese auf die späteren Aussagen nicht ohne Einfluss geblieben ist.

In der mir zugängigen Litteratur finde ich über Heredität folgende Zahlenangaben:

| | Anzahl der Fälle | Heredität nachgewiesen | % |
|---|---|---|---|
| Fritzsche | 50 | 13 | 26 |
| Stobwasser*) | 70 | 4 | 5,7 |
| Herrmann | 197 | 7 | 3,6 |
| Gotthelf | 57 | 4 | 7 |
| Eigenbrodt**) | 44 | 4 | 11,4 |
| Bein | 51 | 9 | 19 |
| Petersen | 78 | 22 | 28,2 |
| | 547 | 63 | 11,5 |

In 78 Fällen erhielt ich von Angehörigen Mitteilungen über Heredität. 22 mal liessen sich hereditäre Verhältnisse nachweisen und zwar hatten Hasenscharte oder Wolfsrachen:

1 mal ein Vetter (3).

1     zwei Vettern der Mutter, 1 Stiefbruder (4).

2     Onkel (33. 97).

1     Vater (14).

2     Mutter (7. 30) gleichzeitig hatte des Vaters Schwester Klumpfüsse.

---

\* C. Stobwasser, die Hasenscharten der Göttinger chirurgischen Klinik 1875—1882. Deutsche Zeitschrift für Chirurgie 1883, Bd. 19.
\*\* Eigenbrodt, Beitrag zur Statistik der Hasenschartenoperationen. Berliner klinische Wochenschrift 1887, Nr. 6.

8 mal Geschwister, teilweise in grösserer Anzahl (9, 24, 25, 29, 50/51, 63, 66, 69/70).

Von andern Missbildungen hatten:

5 mal Geschwister Syndaktylie 27). Klumpfuss (65), Hydrocephalie (67), angeborne Hüftgelenksluxation (78), Schiefhals (81).

1 Vater angeborne Ptosis und mangelhafte Entwicklung eines Auges (44).

1 eine Reihe von Familienmitgliedern Klumpfüsse (108).

Für meine Fälle kann ich daher die hohe Bedeutung der Heredität in der Ätiologie der Hasenscharte nicht von der Hand weisen. Wenn die verschiedenen Autoren an der Hand ihrer Zahlen zu ganz verschiedenen Resultaten kommen, so mögen diese Unterschiede zum Teil erklärt werden durch Verschiedenartigkeiten in der Berücksichtigung anderer Missbildungen, in dem Bildungsgrade der Eltern, der Sorgfalt in der Aufnahme der Anamnese und in dem Zeitpunkte der Aufnahme. — Auf Anomalien in der Zahnentwicklung resp. Zahnstellung, welche Fritzsche zufällig bei Familienangehörigen seiner Hasenscharten fand, habe ich leider meine Aufmerksamkeit nicht gerichtet.

# Zur Mortalitätsstatistik der operirten Hasenscharten.

»Da wir über den Wert der Operation komplizirter Hasenscharten weder in Bezug auf die Herstellung eines brauchbaren kosmetischen Resultates noch auf die Erhaltung des Lebens überhaupt irgend wie sichere Erfahrungen besitzen, erscheint es uns wünschenswert zur Diskussion ein reiches und gesichtetes Material zusammen zu bringen.« Auf diese Anregung hin, welche von Volkmann auf dem 14. Chirurgenkongress 1885 gab, erfolgte in den nächsten Jahren eine Reihe von wertvollen Beiträgen zur Mortalitätsstatistik der Hasenscharten, in denen der Ursache der schon bekannten hohen Sterblichkeit der Hasenschartenkinder nachgeforscht wurde. Die Arbeiten von Fritzsche, Stobwasser, Abel, Gotthelf, Hoffa, Herrmann und Bein liegen mir zum Vergleiche vor; da Abels und Stobwassers Berichte mit der Entlassung der Operirten aus dem Krankenhause abschliessen. sind ihre Resultate für eine eingehende Mortalitätsstatistik nicht zu verwerten. Die übrigen Autoren dagegen haben sich der Mühe unterzogen, über das fernere Schicksal der Operirten Erkundigungen einzuziehen; ein Vergleich mit ihren Ergebnissen wird um so lehrreicher sein, als sie alle die Frühoperation verwerfen, während in der chirurgischen Poliklinik zu Kiel Hasenscharten vorwiegend gleich nach der Geburt operirt wurden.

Die ganze Beobachtungszeit umfasst 20 Jahre, die Zahl der zur Operation bestellten Kinder beträgt 117, von denen 2 wegen zu grosser Schwäche von der Operation zurückgewiesen wurden und unoperirt starben. Bei meinen Nachforschungen über das fernere Schicksal der 115 Operirten im April ds. Js. habe ich über 31 nichts Näheres erfahren können. Von den übrigen 84 waren bis zum April 1895 gestorben 29 = 34,5 %. 78 hatten zur Zeit der Operation das erste Lebensjahr noch nicht überschritten, von ihnen starben bis zum Ende des 1. Lebensjahres 23 = 29,5 %.

Durch Addition zu den bei Hoffa l. c. pg. 549 zusammengestellten Fällen erhalte ich folgendes Resultat:

davon starben

| | | | |
|---|---|---|---|
| Fritzsche | 44 | im 1. Lebensjahre | 10 = 23 % |
| Herrmann | 135 | » » | 56 = 41 % |
| Gotthelf | 40 | » | 16 = 40 % |
| Abel | 90 | » » | 28 = 31 % |
| Hoffa | 64 | » » | 19 = 30 % |
| Petersen | 84 | » » | 23 = 29,5 % |
| | 457 | im 1. Lebensjahre | 152 = 33,3 %. |

Die 52 Fälle von Bein konnte ich hier nicht verwerten, da bei ihm Angaben über das Alter zur Zeit der Operation fehlen. Die Beobachtungszeit erstreckt sich bei ihm über 6 Jahre, die Gesamtmortalität beträgt nur 13,76 %. Bei der Durchsicht meiner Krankengeschichten finde ich, dass von 25 Hasenscharten, die von 1879—1886 operirt wurden, nur 2 gestorben sind, ein Kind im ersten Lebensjahre, das zweite später. Die Mortalität würde also in diesen Jahren bedeutend geringer sein als die Sterblichkeit normaler Kinder im ersten Lebensjahre (ca. 25 %), ein Resultat, unendlich verschieden vom Gesamtresultate. Man hüte sich also, aus kleinem Material bei kurzer Beobachtungszeit allgemein gültige Schlüsse zu ziehen.

Als Durchschnittswert erhalte ich also für operirte Hasenscharten eine Mortalität im ersten Jahre von 33,3 %. Würden wir noch die totgebornen Hasenscharten sowie die hinzurechnen, welche zu Grunde gingen, bevor sie zur Operation kamen — gewiss keine kleine Zahl bei denen, welche Hasenscharten erst im 3.—6. Monat operiren — so müssten wir die Mortalität der Hasenscharten im ersten Lebensjahre noch bedeutend höher veranschlagen.

Die Ursache für diese grössere Sterblichkeit kann nun liegen

1) in der Missbildung an sich und den durch sie bedingten Funktionsstörungen,

2) in der Gefahr der Operation.

So lange uns eine Mortalitätsstatistik der nicht operirten Hasenscharten fehlt, lässt es sich schwer in Procenten angeben, wie viel Todesfälle wohl auf die Missbildung an sich zu schieben sind. Bei der unkomplizirten Hasenscharte liegen die Verhältnisse am günstigsten: Mund- und Nasenhöhle sind getrennt, die Mundhöhle selbst wird durch den Kiefer zum grössten Teile nach aussen abgeschlossen, die Ernährungsbedingungen sind nicht wesentlich schlechter, als beim normalen Kinde; die Warze wird mit dem Kiefer gefasst, so dass das Kind imstande ist, zu saugen. Der einfache Lippenspalt scheint also an sich eine höhere Sterblichkeit nicht zu bedingen. Bei der durchgehenden ein- oder doppelseitigen Spalte stehen Mund- und Nasenhöhle in breiter Kommunikation; wenn diese Kinder auch mit der grössten Vorsicht ernährt werden, so gelangt doch hin und wieder Speise in die buchtige Nasenhöhle, bleibt dort liegen, zersetzt sich und wird so der Anlass zu Magen- und Darmerkrankungen, denen die oftmals schwächlichen Kinder eher erliegen als ihre gesunden Rivalen. Schwierigkeiten in der Ernährung und Prädisposition zu Erkrankungen des Verdauungstractus wie des Respirationstractus sind daher auch neben der angebornen Schwäche von allen Autoren als mehr oder weniger bedeutende Ursachen für die grössere Sterblichkeit der Hasenschartenkinder angegeben worden.

Die höchsten Grade der Spaltbildung aber, bei denen sich ausser der Hasenscharte oftmals andere schwere Missbildungen finden, sieht der Chirurg weniger als der Geburtshelfer, da es sich meist um totgeborne oder nicht lebensfähige Kinder handelt. Wenn die Missbildung an sich einen in regelmässiger Weise sich

geltend machenden Einfluss auf die Mortalität hat,« folgert Gotthelf (l. c. pg. 374) ganz richtig, »so muss mit der Hochgradigkeit
der Spaltbildung die Mortalität stetig wachsen.« Das trifft auch
für unsere Fälle zu. Wenn wir nämlich mit Fritzsche unser
Material in 3 Gruppen teilen:

Gruppe III: doppelseitig durchgehende Spalte mit os prominens,

» II: einseitig durchgehende Spalte mit oder ohne
partielle Beteiligung der anderen Seite,

» I: alle übrigen Fälle,

so erhalten wir:

Gruppe I 38 davon starben 10 $= 27,3$ %

» II 34 »  13 $- 38,2$ %

» III 9 » » 5 $= 55$ %

81*) davon starben 28 $= 34,2$ %.

Addire ich meine Fälle zu den bei Hoffa (l. c. pg. 550) angeführten, so ergiebt sich ein Gesamtresultat, das von meinem
nicht wesentlich abweicht.

Gruppe I 152 davon starben 37 $= 24,3$ %

» II 145 »  56 $= 38,6$ %

III 50 » » 29 $= 58$ %

347 davon starben 122 $= 35$ %.

Diese Zahlen bestätigen, dass mit der Hochgradigkeit der
Spaltbildung die Mortalität der operirten Hasenschartenkinder stetig
wächst, denn die Differenz zwischen Gruppe I und II beträgt 14,3 %.
zwischen Gruppe II und III 19,4 % und zwischen Gruppe I und III
also 33,7 %. Das stärkste Ansteigen der Sterblichkeit liegt zwischen
Gruppe II und III und nicht zwischen Gruppe I und II, wie man er-
warten sollte, wenn man der Missbildung an sich den grössten
Einfluss auf die Höhe der Mortalität zuzuschreiben geneigt ist.
Bei Gruppe I werden nämlich die Schädlichkeiten, welche die Missbildung mit sich bringt, abgesehen von der etwa vorhandenen an-
geborenen Schwäche, durch die Operation beseitigt, für Gruppe II
und III bestehen sie in fast gleicher Weise und gleicher In-
tensität fort.

Wir müssen daher noch nach einem zweiten Faktor suchen,
der vor allem die bedeutend höhere Sterblichkeit der Gruppe III

---

*) Bei 3 Fällen geht die Hochgradigkeit der Spaltbildung aus der
Krankengeschichte nicht mit Sicherheit hervor.

mit zu erklären imstande ist. und dieser zweite Faktor ist gesucht worden in den Gefahren, welche die eingreifendere Operation mit sich bringt. Um diese zu ermitteln, will ich dem von Gotthelf und Hoffa eingeschlagenen Gedankengange folgen und zuerst die Abhängigkeit der Mortalität von der Operation im allgemeinen betrachten.

Zunächst will ich eine Übersicht geben über die Lebensdauer der Gestorbenen nach der Operation und die in den Krankengeschichten angeführten Todesursachen.

| No. | Alter. | Lebensdauer nach der Operation. | Todesursache. | Gestorben nach der Operation. |
|---|---|---|---|---|
| 5 | 9½ Wochen | 1½ Wochen | Magen-Darmkatarrh, Atrophie; Lungenemphysem ohne Katarrh | |
| 59 | 7 Tage | 3 Tage | Sehr kleines elendes Zwillingskind mit Atemnot | 1 bis 14 Tage |
| 68 | 26 Tage | 12 Tage | Bronchitis. Darmkatarrh | |
| 9 | 5 Monate | 2¾ Monate | Brechdurchfall | |
| 66 | 26 Tage | 12 Tage | » | |
| 46 | 4 Wochen | 3 Wochen | Gehirnschlag | |
| 49 | 8 » | 7 » | Lungenkatarrh und Wassersucht | |
| 70 | 9 » | 5 » | Plötzlich gestorben ohne vorangegangene Krankheit | 14 Tage bis 3 Monate |
| 78 | 8 » | 7 Wochen 6 Tage | Herzschlag. Drei Geschwister sind, ebenso plötzlich gestorben nach mehrstündiger Krankheit | |
| 86 | 2 » | 1 Monat 26 Tage | Krämpfe | |
| 96 | 45 Tage | 24 Tage | »infolge der nach der Operation eingetretenen Schwäche« | |
| 111 | 8 Wochen | 4 Wochen | Magen-Darmkatarrh, Atrophie | |
| 112 | 8 » | 4 » | » » » | |
| 1 | 11 Monate | 10½ Monate | Acuter Brechdurchfall nach 1 tägiger Krankheit | |
| 2 | 11 » | 6 » | Gehirnentzündung | |
| 14 | 6 » | 5¾ » | »an der Lunge« | |
| 15 | 1 Jahr 8 Tage | 5 » | Scharlach | |
| 39 | ½ Jahr | 3¾ » | »an Kopfkrämpfen« | 3 Monate bis 1 Jahr |
| 50 | 5½ Monate | 4½ » | Brechdurchfall | |
| 63 | 1 Jahr | 11¾ » | Diphtherie | |
| 67 | 14 Monate | 5 | Nach Ausführung der Uranoplastik. Sektionsbefund negativ | |
| 75 | ¾ Jahre | 8½ » | Lungenentzündung | |
| 81 | 8½ Monate | 8½ Mon. — 1 Tag | Diphtherie | |
| 85 | 10 Monate | 9¼ Monate | Masern | |
| 95 | 1 Jahr | 10¾ » | Gehirnentzündung | |
| 3 | 12 Jahre | 8 Jahre | Lungenentzündung. Wassersucht | Mehr als 1 Jahr |
| 28 | 3 Jahre | 3 » | Gehirnentzündung | |
| 93 | 14 Monate | 12½ Monate | Emphysem | |
| 55 | 1½ Jahre | 1½ Jahre — 4 Tage | Diphtherie | |

Es starben also nach der Operation:

1—14 Tage      3 = 3,57 %

14 Tage — 3 Monate 10 = 11,91 %

3 Monate —1 Jahr  12 =  14,29 %
Später als 1 Jahr   4 =   4,76 %
Es leben noch      55 =  65,47 %
                   84 = 100   %.

Direkt im Anschluss an die Operation haben wir keinen
Todesfall zu beklagen. In den ersten 14 Tagen nach der Operation
starben 3 von 84 Operirten = 3,57 %. Von diesen dreien dürfen
wir den Tod des einen Kindes (Fall 59) nicht der Operation als
solcher zur Last legen: es handelte sich um ein kleines elendes
Zwillingskind mit Atemnot, das am ersten Tage nach der Geburt
operirt wurde und am dritten Tage starb; der Zwillingbruder hatte
nur wenige Stunden gelebt. Hätten wir auch in diesem Falle den
Grundsatz befolgt, »nur lebensfähige oder nicht zu schwache Kinder«
zur Operation zuzulassen — ausführlich werden die Contraindi-
cationen der Operation angegeben bei v. Bruns,[*]) Handbuch der
Chirurgie, pg. 277 — so wäre das Kind wahrscheinlich ohne Operation gestorben. Sind wir nun berechtigt, die beiden übrigen Todesfälle auf Kosten der Operation zu setzen? Als Todesursache ist
im Sektionsbericht angeführt: Magen - Darmkatarrh. Atrophie,
Lungenemphysem ohne Katarrh; Darmkatarrh, Bronchitis.

Darmkatarrhe werden vorwiegend von allen Autoren als
Todesursache in den ersten Tagen nach der Operation angeführt,
und in erster Linie zurückgeführt auf das bei der Operation ver-
schluckte Blut. So sagt Professor Rose in seinem »Vorschlag zur
Erleichterung der Operationen am Oberkiefer«[**]): »Es scheint mir
beiläufig kaum zweifelhaft, dass darum z. B. schon manches Kind
mit sonst gelungener Hasenschartenoperation hinterher zu Grunde
gegangen ist, wenn es so tagelang Blut brach und schwarze Stühle
gehabt hat.« Da nun das Verschlucken erheblicher Mengen Blutes
bei den von Herrn Professor Petersen operirten Kindern mit Sicherheit ausgeschlossen ist, muss für unsere Fälle das ätiologische
Moment anderswo gesucht werden. Für das frühe Kindesalter ist
der Brechdurchfall die verheerendste Krankheit; wenn ein Hasenschartenkind ihr in höherem Masse zum Opfer fällt, braucht man
sich nicht zu wundern: die Missbildung an sich prädisponirt zu
Darmkatarrhen, der doppelte Wechsel in der Ernährung, der mit
der Aufnahme ins Spital unweigerlich verbunden ist, giebt den

[*]. von Bruns, Handbuch der Chirurgie.
[**] Langenbecks Archiv für klin. Chirurgie, Bd. XVII, 1874.

Anlass zu Verdauungsstörungen, denen das an sich meist schwächere Kind um so leichter erliegt. Wo so viele Momente zusammenwirken, den Ausgang zu erklären, darf man gewiss die Operation nicht als einzige Ursache beschuldigen. Selbst unsere 2 Todesfälle in den ersten 14 Tagen nach der Operation (= 2,4 %) möchte ich nicht allein der Operation zur Last legen.

Fritzsche und Hoffa erhalten an ihrem eigenen Material ähnliche Resultate, 5,8 % und 5 % Mortalität in den ersten 14 Tagen nach der Operation, während an der Heidelberger Klinik von 40 Operirten in der gleichen Zeit 6 starben = 15 %.[*]) Eines fällt mir bei Gotthelfs Statistik auf; er giebt S. 378 an, dass bei durchschnittlicher Verpflegungszeit von 9,5 Tagen während des Aufenthaltes in der Heidelberger Klinik keines der operirten Kinder starb, während 14 Tage nach der Operation 15 % nicht mehr am Leben waren. Sollte da der Gedanke nicht nahe liegen, den Wechsel in der Ernährung als Ursache für die grosse Sterblichkeit mit ins Auge zu fassen, und nicht allein, wie Gotthelf es thut, die Gefährlichkeit der Operation und die durch die Operation bedingte Schwächung des Organismus? Gotthelfs Ansicht (l. c. pg. 380), dass die Mortalität in den ersten 14 Tagen nach der Operation als Ausdruck der Gefährlichkeit derselben etwa 10,6 % betrage und voraussichtlich bei grösserem statistischen Materiale noch steigen werde, wurde schon von Hoffa (l. c. pg. 553) widerlegt. Er stellte aus der Litteratur 620 Fälle zusammen und bestimmte nach Ausschluss der Fälle, bei denen ein Causalnexus zwischen Operation und Mortalität nicht anzunehmen ist, einen Mortalitätssatz von 7,4 %. Mit ihm bin ich der Ansicht, dass auch diese Zahl noch wesentlich zu hoch gegriffen ist, wenn man nur kräftige Kinder operirt und wenn man es gelernt hat, die Gefahren zu vermeiden, welche die Hasenscharteoperation mit sich bringen kann.

Von der dritten Woche bis zum dritten Monat starben von unseren Operirten 10 = 11,91 %. Die Sterblichkeit in dieser Zeit unterscheidet sich also nicht wesentlich von der in den ersten 14 Tagen, wenn wir in Betracht ziehen, dass es sich hier um einen Zeitraum von 2½ Monaten handelt. Als Todesursache ist bei meinen Fällen verzeichnet: Gehirnschlag, plötzlicher Tod ohne vorangegangene Krankheiten, Herzschlag (drei Geschwister, die nicht mit Hasenscharte behaftet waren, sind in gleicher Weise ge-

*) Gotthelf, l. c.

storben), Krämpfe nach 3, 7 und 8 Wochen nach der Operation; Lungenkatarrh und Wassersucht 7 Wochen nach der Operation. Auf die »nachhaltig schwächende Wirkung« der Operation (Gotthelf l. c. pg. 383) kann ich den Tod nicht zurückführen. Anders verhält es sich vielleicht bei den übrigen 5 Fällen, die an Darmerkrankungen und allmählicher Atrophie zu Grunde gingen. Drei dieser Kinder zeigten die höchsten Grade der Spaltbildung mit os prominens, bei ihnen wurde die Osteotomie resp. Resection des Vomer ausgeführt, auch bei den übrigen Zweien handelte es sich nicht um einfachen Lippenspalt. Vier von den Kindern fanden Aufnahme ins Krankenhaus und lagen dort je 4 Wochen, 4 Wochen, 31 und 71 Tage, eins (Nr. 9) wurde poliklinisch behandelt; nach langwierigen Durchfällen starb es an Brechdurchfall. Auffallend ist, dass nur in einem Falle Heilung per primam intentionem eintrat, während wir sonst, wie ich weiter unten zeigen werde, selten ganzes oder teilweises Aufplatzen der Naht zu verzeichnen haben. Bei 2 der Operirten trat überhaupt keine Heilung ein, in einem Falle hielt nur der rote Lippensaum. Was liegt wohl näher, als hier der eingreifenden und öfter wiederholten Operation eine schwächende Wirkung auf den kindlichen Organismus und schliesslich den letalen Ausgang zuzuschreiben? Und doch ist auch eine andere Erklärung zulässig. Nr. 111 und 112, beides doppelseitig durchgehende Spalten mit os prominens, habe ich selbst zu beobachten Gelegenheit gehabt; bei den blassen, nicht sehr kräftigen Kindern wurde die Rücklagerung des Zwischenkiefers nach subperiostaler Resection des Vomer ausgeführt und daran die Cheiloplastik angeschlossen. Nach 3 Tagen war die Naht vollkommen aufgeplatzt, die Wundflächen eiterten, die sich bildenden Granulationen waren schlaff und glasig; bei weiteren Versuchen, eine Wundheilung zu erzielen, stets dasselbe negative Resultat. Die Kinder wurden mehr und mehr atrophisch, verweigerten die Nahrung und gingen schliesslich an Darmkatarrh und allgemeiner Atrophie zu Grunde. Das Kind Dietmar (Fall 110) mit Cheilo-gnothopolatoschisis duplex und prominentem Zwischenkiefer, das 2 Monate früher ins Krankenhaus aufgenommen war, hatten wir nicht operirt, weil es uns nicht kräftig genug war. Nach einem Aufenthalt von 32 Tagen starb es unoperirt an Magen-Darmkatarrh und allgemeiner Atrophie in derselben Weise, wie etwas später Fall 111 und 112. Die Hochgradigkeit der Missbildung, verbunden mit angeborner Schwäche, und der Einfluss des Spitalaufenthaltes wurden in diesem Falle für den Ausgang verantwortlich gemacht, denn eine Schwächung durch die Operation kam nicht in Frage. Und so möchte ich auch im Fall 111 und 112 auf die Operation und ihre schwächende Wirkung nicht das Hauptgewicht legen. Das Aufplatzen der Naht, das durch eine übermässige Spannung nicht zu erklären war, die geringe Neigung zur Heilung, die Schlaffheit der Granulationen waren von vornherein ein Zeichen von einem schlechten Allgemeinzustande des Kindes, und diese Zeichen hätten uns veranlassen müssen, von weiteren Versuchen vorläufig abzustehen, die Kinder aus dem Spitale zu entlassen und die Operation auf eine günstigere Zeit zu verschieben.

Der »nachhaltig schwächenden Wirkung« der Operation kann ich für meine Fälle daher eine grosse Bedeutung nicht beilegen.

Über die Gesamtmortalität bis zum Ende des dritten Monats giebt uns Hoffa (l. c. pg. 554) einen Überblick in folgender Tabelle, in die ich meine Fälle einfüge.

| Operateur. | Zahl der Fälle. | Es starben | | Zusammen. | In pCt. |
|---|---|---|---|---|---|
| | | in den ersten 2 Wochen. | in der 3. Woche bis 3. Monat. | | |
| Billroth . . . . . | 37 | 4 = 10,8 % | 4 = 10,8 % | 8 | 21,6 |
| Simon . . . . . . . | 13 | — | 4 = 30,7 % | 4 | 30,7 |
| Rose . . . . . . . . | 44 | 3 = 6,8 % | 6 = 13,6 % | 9 | 20,4 |
| Czerny . . . . . . . | 40 | 6 = 15,— % | 4 = 10,— % | 10 | 25,— |
| Fischer . . . . . . | 135 | 16 = 11,8 % | 21 = 15,— % | 37 | 27,3 |
| König . . . . . . . | 90 | 8 = 8,9 % | 16 = 11,8 % | 24 | 26,7 |
| Hoffa . . . . . . . | 80 | 4 = 5,— % | 12 = 15,— % | 16 | 20,— |
| Petersen . . . . . | 84 | 3 = 3,57% | 10 = 11,91% | 13 | 15,48 |
| | 523 | 44 = 8,4 % | 77 = 14,7 % | 121 | 23,1 % |

Die Gesamtmortalität für die ersten 3 Monate nach der Operation beträgt im Mittel aus obigen 523 Fällen 23,1 %, während unsere eigenen 84 Fälle nur eine Mortalität von 15,48 % ergeben. Wenn man bedenkt, dass 88,75 % unserer Hasenscharten in einem Alter von weniger als drei Monaten, 65 % im ersten Lebensmonate operirt sind, so hat eine Mortalität von 15,48 % in den ersten drei Monaten nach der Operation nichts Auffälliges, da die Mortalität normaler Kinder in den 3 ersten Lebensmonaten 12 % übersteigt.

Der Vollständigkeit halber betrachte ich jetzt noch die Mortalität nach dem 3. Monat.

## Tabelle der Mortalität nach dem 3. Monat.

### (Hoffa l. c. pg. 555.)

| Operateur. | Zahl der Fälle. | Davon gestor- ben. | In pCt. | Lebensdauer nach der Operation. |
|---|---|---|---|---|
| Billroth . | 37 | 6 | 16,2 | 5, 7, 7 Monate, 1, 1½, 2 Jahre |
| Rose. . . | 44 | 4 | 9,9 | 4, 6, 8 Monate, 3 Jahre |
| Czerny. . | 40 | 10 | 25,— | 3½, 3¾, 4, 8, 8, 9, 11, 13, 13 Monate, 1¾ Jahr |
| Fischer . | 135 | 27 | 20,— | 19 bis Ende des 1. Jahres, 8 später |
| Hoffa . . | 80 | 8 | 10,— | 6 Monate, 1, 1, 2, 3, 3, 3½, 4 Jahre |
| Petersen . | 84 | 16 | 19,05 | 3¾, 4½, 5, 5, 6, 6, 8½, 8½, 9¼, 10½, 10¾ Monate, 1, 1, 1½, 3, 8 Jahre |
| | 420 | 71 | 16,9 | |

Vom 3. Monat bis zu 1 Jahre nach der Operation starben von 84 Operirten 12 = 14,29 %, später als 1 Jahr nach der Operation bis durchschnittlich 10 Jahre nachher 4 = 4,76 %. Mit der Entfernung von der Operation nimmt also die Sterblichkeit ab und nähert sich der normalen Kindersterblichkeit. Ein Zusammenhang zwischen Operation und Todesursache ist in keinem dieser Fälle anzunehmen.

---

# Abhängigkeit der Mortalität von dem Zeitpunkte der Operation.

Die Ansicht der einzelnen Chirurgen über den für die Operation günstigsten Zeitpunkt gingen von jeher weit auseinander; eine kurze historische Übersicht findet sich bei Gotthelf (l. c. pg. 395 ff.) In den 80er Jahren ist es versucht worden, diese offene Frage durch Beibringung eines grösseren statistischen Materials zu lösen.

König glaubt, dass die Mehrzahl der deutschen Chirurgen wohl heute darüber einig sei, dass man die Hasenscharten recht früh, womöglich in den ersten 14 Tagen operiren solle. Am Schlusse seiner Dissertation aus der Göttinger Klinik äussert sich Carl Abel[*]: »Trotzdem glauben wir zur Evidenz nachgewiesen zu haben, dass die möglichst frühzeitige Operation nicht nur nicht die Mortalität erhöht, sondern im Gegenteil das einzige Mittel ist, um die an sich so grosse Sterblichkeit der Hasenschartenkinder

---

[*] C. Abel, l. c.

erheblich herabzusetzen. Da Abel aber über das Schicksal der Operirten nach der Entlassung keine Nachforschungen angestellt hat, lassen sich seine Fälle für eine eingehende Statistik nicht verwerten.

Billroth*) kam 1879 auf Grund seiner Erfahrungen an 75 Operirten zu der Ansicht, dass es vorzuziehen sei, die Kinder doch erst nach Ablauf des ersten Lebensjahres zu operiren. Er sagt pg. 143: »Auf jeden Fall rate ich dies auch selbst bei kräftigen Kindern mit komplizirten Hasenscharten zu thun, besonders aber bei der mit Zurücklegung der ossa incisiva verbundenen Operation doppelter Hasenscharten.«

Fritzsche hält die Zeit vom 2. bis zum 6. Monat als die für alle Fälle passendste. Fischer (Herrmann l. c. pg. 28) tritt für die Operation im 3.—6. Monat ein.

Am schärfsten spricht sich Gotthelf gegen die Frühoperation aus und zwar folgendermassen: Um zunächst die Grenze nach unten festzustellen, so geht aus den Resultaten unserer Statistik hervor, dass keinesfalls in den ersten drei Lebensmonaten operirt werden darf, weil hier die Operation ein geradezu schädlicher Eingriff ist, der die Lebensprognose der Kinder dieser Altersstufe wesentlich verschlechtert.

Bein verfährt nach dem Grundsatze: »Frühoperation für leichtere Fälle, schwerere erst in den späteren (3.—6.) Lebensmonaten.

Hoffa ist der Ansicht, dass der 2.—6. Monat die günstigste Zeit für die Operation aller Hasenscharten sei; wenn aber die Kinder stark genug zur Welt kommen, so brauche man sich nicht zu scheuen, die Operation ganz früh vorzunehmen.

Von diesen Autoren, welche ihr Urteil stützen auf die Statistik, ist keiner unbedingt für die Frühoperation, Hauptgegner derselben ist Gotthelf. Er bildet sich sein Urteil an 81 Fällen aus den Kliniken von Czerny, Rose und Simon. Dem gegenüber will ich meine 80 Fälle stellen, die zur Zeit der Operation das erste Lebensjahr nicht überschritten hatten. Numerisch ist unser Material gleich, dazu haben wir beide eine fast gleiche Anzahl komplizirter Doppelspalten (10 : 9). Stelle ich nun, wie Gotthelf, neben die Operationsfrequenz die Sterblichkeitsfrequenz

---

*) Billroth, Wiener Klinik 1879.

für die ersten 12 Lebensmonate derselben 80 Patienten und trage die gewonnenen procentischen Werte als Abscissen über die ihnen entsprechenden Monate als Coordinaten ein, und füge noch zum Vergleich die Curven der normalen mittleren Kindersterblichkeit hinzu. so erhalte ich Operationsfrequenz, Mortalitätsfrequenz der Hasenscharten und normale Kindersterblichkeit in Curven unter einander dargestellt.

| Im Lebensmonat. | Operirt. | pCt. | Gestorben. | pCt. | Normale Kindersterblichkeit. |
|---|---|---|---|---|---|
| 1 | 52 | 65,— | 3 | 3,75 | 5,0 |
| 2 | 12 | 15,— | 6 | 7,50 | 4,2 |
| 3 | 7 | 8,75 | 3 | 3,75 | 3,5 |
| 4 | 2 | 2,5 | 0 | 0 | 3,0 |
| 5 | 1 | 1,25 | 2 | 2,5 | 2,5 |
| 6 | 1 | 1,25 | 2 | 2,5 | 2,0 |
| 7 | 2 | 2,5 | 0 | 0 | 1,8 |
| 8 | — | — | 1 | 1,25 | 1,5 |
| 9 | 1 | 1,25 | 1 | 1,25 | 1,4 |
| 10 | — | — | 1 | 1,25 | 1,2 |
| 11 | — | — | 2 | 2,5 | 1,1 |
| 12 | 2 | 2,5 | 2 | 2,5 | 1,0 |
| | 80 | 100% | 23 | 28,75 | |

Graphisch dargestellt, erhalte ich also folgende Curve; zum Vergleich stelle ich Gotthelfs Curve daneben.

| | I. | II. | III. | IV. | V. | VI. | VII. | VIII. | IX. | X. | XI. | XII. | I. | II. | III. | IV. | V. | VI. | VII. | VIII. | IX. | X. | XI. | XII. |
|---|---|---|---|---|---|---|---|---|---|---|---|---|---|---|---|---|---|---|---|---|---|---|---|---|
| Monat | | | | | | | | | | | | | | | | | | | | | | | | |

Gotthelf.  Petersen.

A

A

A

C

B B

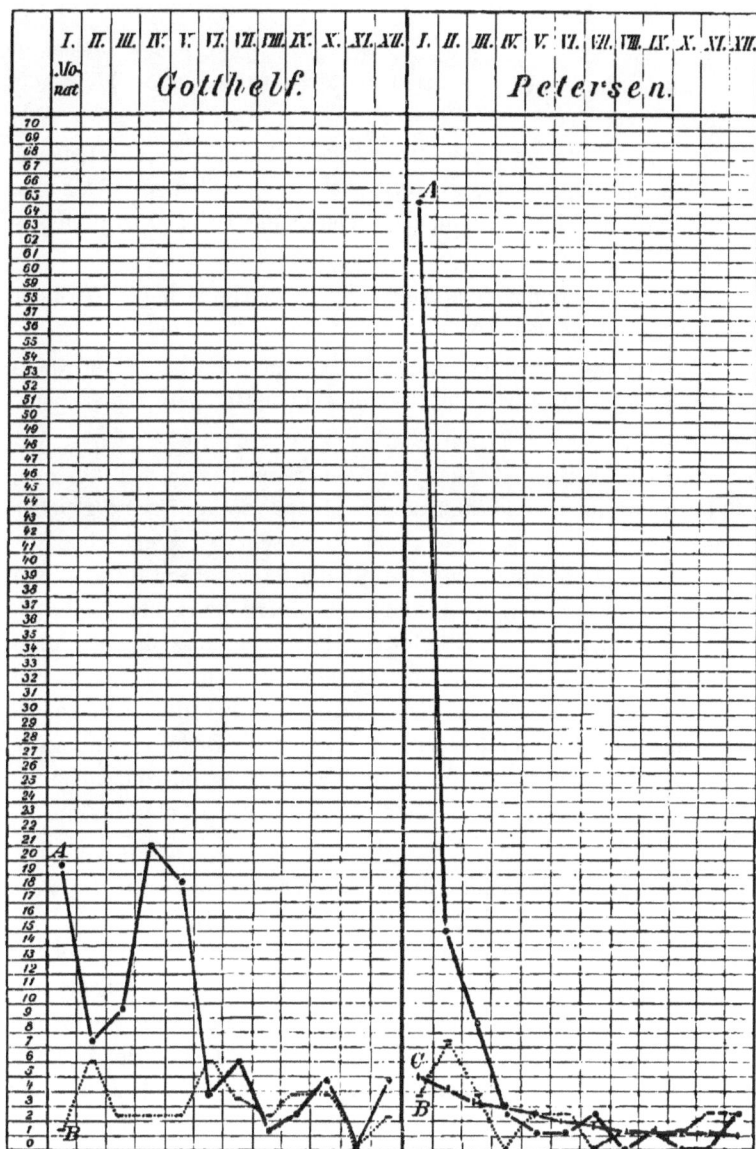

Curve A: Operationsfrequenz.
Curve B: Mortalitätsfrequenz der operirten Hasenscharten.
Curve C: Normale Kindersterblichkeit.

Auf Grund seiner Curve zieht Gotthelf (l. c. pg. 389) folgende Schlüsse:

1. »Die Mortalität der operirten Hasenscharten im ersten Lebensjahre ist im allgemeinen weniger von den schädlichen Folgen der Missbildung an sich als von der Schädlichkeit der Operation abhängig.«

2. Am deutlichsten und schnellsten macht sich die Wirkung der Operation in den ersten drei Lebensmonaten geltend.«

3. »Weniger prompt und weniger intensiv ist diese Nachwirkung bei der Operation nach dem 3. Lebensmonate bemerkbar.«

Zu den beiden letzten Schlüssen ist Gotthelf nach seinen Curven nicht berechtigt. Die Operationsfrequenz zeigt bei ihm zwei Gipfelpunkte im 1., und im 4. und 5. Monat von annähernd gleicher Höhe, die Mortalitätsfrequenz der Hasenscharten zeigt ebenfalls zwei gleich hohe Gipfelpunkte im 2. und 6. Monat auf 6 %. Wenn Gotthelf dieses Verhalten nicht als Zufall betrachten will, so wäre er doch nur zu dem Schlusse berechtigt, dass die Operation auf die Sterblichkeit der Hasenschartenkinder von annähernd gleich schädlichem Einfluss ist, möge die Operation nun im 1. oder im 4. und 5. Monat vorgenommen sein. Dazu kommt noch, dass nach seiner Curve die Mortalität sich bedeutend mehr im 6. Monat über die normale Kindersterblichkeit erhebt, als im 2. Lebensmonate (Differenz 4 % : 1,8 %).

Ziehe ich jetzt meine Curve zum Vergleiche heran. Dass im ersten Monat die Sterblichkeit der operirten Hasenscharten geringer sein sollte als die normaler Kinder, ist nicht wahrscheinlich. Die Differenz wird dadurch erklärt, dass die totgebornen und im ersten Monate vor der Operation gestorbenen nicht mit eingerechnet sind. Da aber die Hebammen Kiels sich gewöhnt haben, Hasenscharten gleich nach der Geburt zur Klinik zu schicken, ist die Anzahl der vor der Operation gestorbenen als verschwindend klein anzunehmen. Auf ein Operationsmaximum im ersten Monat von 65 % folgt ein Sterblichkeitsmaximum im zweiten Monat von 7,5 %, das bedeutet einen Überschuss über die normale Kindersterblichkeit in diesem Monat um 3,3 %. Vom dritten Monat ab ist die Mortalitätsfrequenz der Hasenscharten durchschnittlich um ein Geringes höher als die normale Kindersterblichkeit; dieser Umstand erklärt sich leicht dadurch, dass

durch die Operation die Schädlichkeit der Missbildung nicht vollkommen beseitigt wird.

Dass auf ein Ansteigen der Operationsfrequenz jedesmal ein
Steigen der Mortalität, auf ein Sinken der ersteren auch ein Sinken
der letzteren folgen solle, darin kann ich Gotthelf nicht bei-
pflichten. Die höhere Sterblichkeit in den ersten beiden Monaten
ist weniger zurückzuführen auf die Operation und ihre nachhaltig
schwächende Wirkung, als auf die Schädlichkeit der Missbildung
an sich. Wenn wir eine Mortalitätsstatistik nicht operirter Hasen
scharten besässen, so würden wir uns höchst wahrscheinlich davon
überzeugen können, dass auch ohne Operation die mit der Missbildung behafteten schwächlichen Kinder vorwiegend in den beiden
ersten Lebensmonaten zu Grunde gehen.

Legen wir uns nun die Frage vor, welcher Lebensabschnitt
ist denn für die Operation der günstigste? Wir stellen zu dem
Zwecke fest, wie viele von den in den einzelnen Monaten Operirten
bis zum Schluss des ersten Jahres gestorben sind, berechnen so
den Procentsatz der Mortalität der operirten Hasenscharten für
die einzelnen Monate und vergleichen damit, wie viele von 100 auf
der gleichen Altersstufe stehenden normalen Kindern bis zum
Ende des ersten Lebensjahres sterben.

## Tabelle der Prognose der Operation in den einzelnen Altersstufen.

| Altersstufen. | Zahl der darin operirten Kinder. | Davon starben bis zum Ende des ersten Lebensjahres. | In pCt. | Zum Vergleich herbeige- zogene Alters- stufen der nor- malen Kinder: Ende des | Von 100 die neben- stehenden Alters- grenzen überleben- den Kindern starben bis zum Ende des 1. Lebensjahres. |
|---|---|---|---|---|---|
| 0—1 Monat | 52 | 17 | 32,7 | 1 | 22,5 |
| 2 und 3 » | 19 | 5 | 26,32 | 2 | 17,5 |
| 4, 5, 6 » | 4 | 1 | 25,— | 4 | 11,0 |
| 7, 8, 9 » | 3 | 0 | 0 | 7 | 6,3 |
| 10, 11, 12 » | 2 | 0 | 0 | 10 | 2,1 |
| | 80 | 23 | 28,75 | 2 | |

In die graphische Darstellung trage ich auch die von Gotthelf gefundenen Resultate ein.

| % | Ende d.I. 0–1. Mon. | II. 2.u.3. M. | IV. 4.5.6. M. | VII. 7.8.9. M. | X.Monats 10.11.12. Mon. |
|---|---|---|---|---|---|
| 0 | | | | | |
| 5 | | | | | |
| 10 | | | | | |
| 15 | | | | | |
| 20 | | | | | |
| 25 | A | | | | |
| 30 | | | | | |
| 35 | B | | | | |
| 40 | | | | | |
| 45 | | | | | |
| 50 | | | | | |
| 55 | C | | | | |

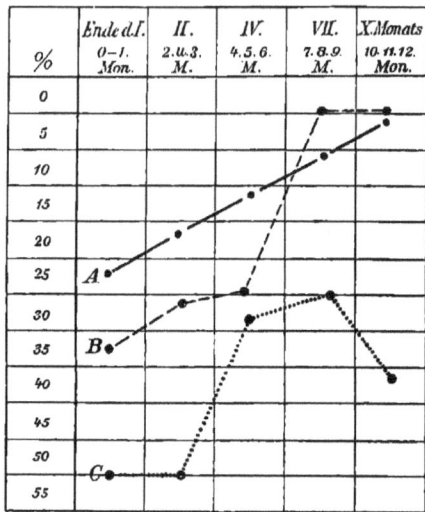

A: Normale Kindersterblichkeit.
B: Curve Petersen.
C: Curve Gotthelf.

Gotthelfs Curven und meine an einem nahezu gleichen Material zeigen wesentliche Verschiedenheiten. Von seinen im 1.—3. Monat operirten Fällen war also nach Ablauf eines Jahres die Hälfte nicht mehr am Leben, während jenseits des dritten Monats die Prognose der Hasenschartenoperation sich günstiger gestaltet. Daraus zieht er den Schluss l. c. pg. 391: »Die Hasenschartenoperation in den drei ersten Lebensmonaten verschlechtert die natürliche Prognose der Hasenschartenkinder, sie ist also in dieser Altersstufe ein unbedingt schädlicher Eingriff.«

Ebenso zeigt Hoffa, dass von 104 im ersten Lebensmonat operirten Hasenschartenkindern 55 = 53 % am Ende des ersten Jahres verstorben waren.

In meiner Tabelle verlaufen beide Curven, welche die Prognose der operirten Hasenscharten und die normaler Kinder zur Anschauung bringen, in den ersten 6 Monaten annähernd parallel, beide mit steigender Tendenz, d. h. die Operationsgefahr erweist sich im wesentlichen als die gleiche, mögen die Kinder nun im ersten oder in den folgenden fünf Monaten operirt sein.

88,75 % unserer sämtlichen Hasenschartenoperationen fallen in die ersten 3 Lebensmonate, trotzdem haben wir nur eine Gesamtmortalität im ersten Jahre von 28.75 %, wogegen Gotthelf, der von seinen 81 Kindern 51 = 63 % nach dem dritten Monate operirt hat, eine Mortalität von 37 % zu verzeichnen hat.

Unrichtig ist es, aus einem kleinen Material sichere Schlüsse für die Allgemeinheit ziehen zu wollen, es werden Zufälligkeiten stets das Resultat beeinflussen, ebenso verkehrt würde es sein, wenn man die Richtschnur für sein therapeutisches Handeln nach den Ergebnissen der Gesamtstatistik ziehen wollte, für den betreffenden Operateur werden die eigenen Erfolge hier doch massgebend sein.

An der Kieler chirurgischen Poliklinik sind Hasenscharten mit Vorliebe und in der überwiegenden Mehrzahl der Fälle gleich nach der Geburt operirt worden und zwar mit gutem Erfolge, so dass die Gesamtmortalität die der normalen Kindersterblichkeit nur um weniges (ca. 5 %) übertrifft.

Für die Statistik noch bessere Resultate würden wir selbstverständlich erzielen, wenn wir die Operation in ein späteres Lebensalter verlegten; eine Reihe von Hasenscharten würde alsdann vor der Operation zu Grunde gehen, und nur die würden zur Operation kommen, welche die schlimmste Zeit der Kindersterblichkeit hinter sich, welche ihre Lebensfähigkeit damit erwiesen hätten.

Dass wir bei der Frühoperation so günstige Resultate zu verzeichnen haben, ist zurückzuführen auf die Operationsmethode, eine Methode, welche selbst bei ausgiebiger Ablösung der Weichteile die Blutung auf ein Minimum beschränkt, die Quantität des verlorenen Blutes sicher kontrolliren lässt und das Verschlucken von Blut verhindert.

Ich halte es daher nicht nur für unser Recht, sondern für unsere Pflicht, gesunde, nicht allzu schwächliche Hasenschartenkinder möglichst früh zu operiren, da die Nachteile der Operation bald nach der Geburt in keinem Verhältnis stehen zu den durch die Operation gebotenen Vorteilen.

»Je jünger das Kind ist, desto ruhiger ist das Kind nach der Operation, desto weniger leicht reisst es die Naht mit den Fingern auf.« Ausser diesen Vorteilen sind es lediglich kosmetische Rücksichten, welche uns zur Frühoperation der einfachen Lippenspalte bestimmen. Warum aber sollten uns diese kosmetischen Rücksichten allein nicht veranlassen, die Operation möglichst früh vor-

zunehmen, wenn wir von der Ungefährlichkeit der Operation durch
unsere Resultate überzeugt sind?

Für die complizirten Hasenscharten sind die Vorteile der
Frühoperation grössere; wenn ich auch weit davon entfernt bin,
die Operation als lebensrettende anzusehen, so verringert sie doch
bedeutend die Disposition zu Erkrankungen des Respirationstractus,
ohne freilich die Neigung dieser Kinder zu Darmkatarrhen wesentlich zu beeinflussen. Je früher aber die Operation, desto grösser
ist der Einfluss auf den verunstalteten Oberkiefer. Leider finden
sich in meinen Krankengeschichten wenig Bemerkungen über die
Breite des Kieferspaltes zur Zeit der Operation; ich muss mich
daher darauf beschränken, zu konstatiren, dass bei acht Kindern
mit durchgehender Spalte, an denen seiner Zeit die Frühoperation
gemacht ist, im April 1895 der Alveolarfortsatz nur von einer
schmalen Spalte durchsetzt war, so dass die Schleimhäute an den
Spalträndern sich gegenseitig berührten. Wie schnell sich die Breite
des Spaltes verringert, konnte ich an dem Kinde Boldt (Nr. 101)
feststellen. Das Kind wurde im März ds. Js., 3 Tage alt, operirt
wegen einseitiger Cheilognatho-palatoschisis; der Spalt im Alveolarfortsatz war damals 1 cm breit, im September ds. Js., also $\frac{1}{2}$ Jahr
nach der Operation, lagen die Spaltränder an einander. Diese
Thatsache ist nicht unwichtig für diejenigen, welche, wie Herr
Professor Petersen*), die Operation des Wolfsrachens bei kräftigen
Kindern im sechsten Lebensmonate vorzunehmen pflegen.

## Operation. Nachbehandlung und Operationsresultate.

Die Vorbereitung zur Operation ist zu Anfang mit Herrn
Professor Petersens eigenen Worten ausführlich beschrieben
worden. Das Kind wird auf eine mit wollener Decke versehene
Fussbank gewickelt; mit den ersten Bindengängen wird das Knie
gestreckt, mit den andern giebt man den Füssen eine Stütze von
unten. Die Arme werden während der Einwickelung, die bis zum
Halse geht, in gestreckter Stellung an den Leib gedrückt. Darauf

*) J. Kister: Über Uranoplastik bei kleinen Kindern. I. D. Kiel 1894.

wird die Bank mit dem Fussende auf einen Tisch gestellt. Das Kind steht also im Verbande; der Verband ist warm und vermeidet die Abkühlung während der etwa $\frac{1}{2}$ Stunde dauernden Operation.

In ähnlicher Weise verfährt Czerny (Gotthelf l. c. pg. 580): Die Säuglinge werden so eingewickelt, dass die Arme fest an den Rumpf zu liegen kommen, dann wird das Kind auf den Operationstisch gestellt, gegen das steil aufgerichtete Kopfende desselben angelehnt und von zwei Assistenten fixirt. Unsere Methode spart einen Assistenten und gewährt dazu noch den Vorteil, dass das Kind ruhiger gehalten wird.

Herr Professor Rose hatte in der mumienhaften Einwicklung ein Haar gefunden (Fritzsche l. c. pg. 24); er hatte ein einjähriges Kind zum Zweck der Hasenschartenoperation in dieser Einwicklung narkotisirt und das Kind in der Narcose verloren. Jedenfalls bildete dieselbe (sc. Einwicklung) ein absolutes Hindernis für die künstliche Respiration. Seit diesen Erfahrungen hat daher Professor Rose diese Methode, die Kinder zu fixiren, verlassen.

Auch ich halte es nicht für empfehlenswert, chloroformirte Kinder fest einzuwickeln, wenn auch bei unserer Einwicklung ein paar Scheerenschläge hinreichen würden, um dieses absolute Hindernis für die künstliche Respiration zu beseitigen. Da wir aber bei der Frühoperation der Hasenscharten nicht in die Verlegenheit kommen, zu narcotisiren, fällt für uns dieses Hindernis fort.

Herr Professor Rose führte daher auch für Hasenscharten die Operation am hängenden Kopfe ein. Diese sonst vorzügliche Methode hat aber doch hier ihre Nachteile: die Blutung ist stärker, der Blutverlust ist nicht zu kontrolliren; das Blut fliesst in Mund- und Nasenrachenhöhle und muss durch Tupfen entfernt werden.

Blutung und Tupfen aber beunruhigen das Kind und reizen die Schleimhaut zu stärkerer Sekretion. Ist die Schleimsekretion nun auch nicht so lästig bei der Hasenscharten- wie bei der Wolfsrachenoperation, so ist sie doch für den Operateur nicht grade angenehm.

Bei der Operation in stehender Stellung des Kindes mit leicht nach vorn gehaltenem Kopf fliesst kein Blut in die Mundhöhle hinein, nur wenige Tropfen werden während der Operation mit der sehr beweglichen Zunge von der Wunde abgeleckt. Die

Blutung ist geringer als bei der Operation am hängenden Kopf und lässt sich leicht kontrolliren, da jeder Tropfen auf ein vorgestecktes Handtuch abtropft; Verschlucken von Blut ist ausgeschlossen und das lästige Auswischen des Mundes fällt fast fort. Dadurch spart man an Zeit und verringert die Infectionsgefahr. Der Wärmeverlust während der Operation ist gering, und der Operateur wird durch lästige Bewegungen des Kindes nicht gestört.

Ob nun ein Operateur lieber am verkehrten Gesichte operirt oder nicht, das ist ganz Sache des Geschmacks und der Übung des Einzelnen. Die Behauptung von Giraldès *): »En outre le chirurgien clacé derrière la tête de l'enfant agit avec plus de précision« möchte ich nicht als allgemeingültig anerkennen.

Dass der Operation eine Desinfection vorangeht wie jedem andern chirurgischen Eingriff, ist selbstverständlich.

Das Instrumentarium ist das denkbar einfachste: 1 schmales Messer. Hohlschere, Hakenpincette, zwei scharfe Häkchen, zwei Klauenpincetten, Hagedornscher Nadelhalter und feine Nadeln. Als Nahtmaterial verwenden wir dünne Silcwormfäden.

Mit wenigen Ausnahmen wurden unsere sämtlichen Fälle operirt nach der Methode von Mirault-Langenbeck, modifizirt wurde diese Methode in den letzten Jahren durch Einführung der Zickzacknath.**) Beide Methoden gaben gute Resultate, eine breite symmetrische Lippe. Die schönen Formen der normalen Lippe kann man freilich nicht wieder herstellen, ob Julius Wolff mit der von ihm empfohlenen Methode der Lippensaumverziehung dazu in vielen Fällen imstande ist, muss ich dahingestellt sein lassen, weil wir keine Erfahrung darüber besitzen. Zwei Photographien in seiner Mitteilung: Über die Operation der Hasenscharten. Vortrag gehalten in der Gesellschaft für Heilkunde am 23. März 1886 ***) sind für einen Versuch dieser Methode allerdings sehr verlockend.

Bei der Bildung der seitlichen Lappen verläuft der Schnitt genau an der Grenze des Lippenrots. Ist der Lippenspalt breit und die Spannung gross, so wird die Oberlippe oft in ausgedehnter

---

*) Leçons cliniques sur les maladies chirurgic. des enfants. Paris 1869.
** Eine ausführliche Beschreibung und Würdigung der einzelnen Operationsverfahren findet man bei Bein, l. c. pg. 15 ff.
*** Berliner klin. Wochenschrift 1886, Nr. 35.

Weise vom Oberkiefer abgelöst; andere Entspannungsschnitte zu
machen, haben wir uns in den letzten Jahren nie veranlasst gesehen.
Durch methodische Kompression der ganzen Wunde (empfohlen
von J. Wolff l. c.) den Blutverlust möglichst gering zu machen,
ist unser Hauptbestreben. Wenn das Ideal eines blutlosen
Operirens sich auch auf diese Weise nicht ganz erreichen lässt,
so ist doch der Blutverlust, selbst wenn man genötigt ist die Lippe
ausgedehnt abzulösen, nur ein geringer, den selbst der kleine zarte
Organismus in kurzer Zeit zu ersetzen imstande ist. Wenn man
so operirt, so kann von einer Gefahr der Operation oder einer
fortdauernd schwächenden Wirkung derselben nicht die Rede sein.

Die Operation geschieht langsam zu Gunsten der Blutstillung,
einer festen Naht und damit eines guten kosmetischen Endresultats.
Jede plastische Operation will Zeit haben; die Operation der
Hasenscharte vor allen andern, weil sie am Antlitze des
Menschen ausgeführt wird. Die Operation der Hasenscharte nur
deshalb möglichst früh zu machen, um den Lippenschluss
herbeizuführen und so die schädlichen Folgen der Missbildung
zu verkleinern, ohne Rücksicht auf das kosmetische Resultat,
halte ich für durchaus verkehrt, weil sich das Zweck-
mässige mit dem Schönen sehr wohl in einer Sitzung vereinigen
lässt. Wie schwer sich der mit der Missbildung Behaftete zu
einer zweiten Operation entschliesst, selbst wenn man ihm ver-
spricht durch eine kleine Operation die Lippe bedeutend ver-
schönern zu können, habe ich in diesem Frühjahr zu meinem
grossen Bedauern mehr als einmal erfahren müssen.

Ausserordentliche Sorgfalt wird von meinem Chef verwandt
auf die Anlegung der Naht; die Schleimhaut wird nicht mitgefasst,
die Wundränder werden peinlich in das gleiche Niveau gebracht.
Eine feine Nadel und ein dünner Faden schaffen möglichst kleine
Stichkanäle. Von der Anlegung von Entspannungsnähten und
Hülfsnähten wird vollständig abgesehen. Nach der Operation wird
die Naht mit Zinkoxyd gepudert, darauf wird das Kind ins Bett
gebracht. Ein Verband wird nicht angelegt, denn die sorgfältig
angelegte Naht bildet einen weit bessern Schutz der Wunde, als
es ein stets rutschender, benässter Verband vermag. Ich habe
in einzelnen Fällen (s. Nr. 116) gesehen, dass Heilung per primam
eintrat, obwohl sich einen Tag nach der Operation Rhinitis ein-
stellte und das Sekret der Nase beständig über die Naht floss.

Laxantien und Narcotica gleich nach der Operation wurden in keinem Falle verabreicht. Wir sind vollständig sicher, dass der Operirte kein Blut geschluckt hat und haben daher auch keine Veranlassung durch Syr. mannae oder ähnliche Mittel die Peristaltik zu beeinflussen.

Von Czerny wurden (Gotthelf l. c. pg. 581) wenn das Kind nicht gleich nach der Operation in ruhigen festen Schlaf fiel, 1 oder 2 Theelöffel einer Mischung von Syrupus Croci und Diacodii zu gleichen Teilen verabreicht, wonach bald die gewünschte Ruhe eintrat.« Das neugeborne Kind pflegt nach der Operation ruhig zu sein, eine Erinnerung an überstandene Leiden ist nicht vorhanden, und der Wundschmerz scheint nicht so bedeutend zu sein. Man sollte daher auch jede Verstimmung des kindlichen Magens durch unnötige Medikamente vermeiden; denn die mit der Aufnahme ins Krankenhaus meist unvermeidliche Änderung in der Ernährung wirkt schon allein ungünstig genug auf die Darm-thätigkeit des ohnehin zarten Kindes.

Am liebsten nehmen wir Hasenschartenkinder überhaupt nicht ins Krankenhaus; wir tragen kein Bedenken, selbst die Kleinen, bei denen die Oberlippe ausgedehnt losgelöst wurde, nach Hause zu entlassen, denn eine Nachblutung haben wir bei diesen Operirten nie gesehen. Gewiss sind der ambulatorischen Behandlung der Hasenscharten in vielen Kliniken engere Grenzen gezogen; auch wir haben bisher davon Abstand genommen die hochgradigsten Missbildungen, bei denen eine Resektion oder Osteotomie des Vomers nötig war, ambulant zu behandeln; dagegen scheuen wir uns nicht, die Operirten mehrere Stunden weit in die Umgegend zu entlassen und poliklinisch weiter zu behandeln. Die Pflege des operirten Kindes vertrauen wir gerne der Mutter an. Wenn Fritzsche l. c. pg. 26 sagt, es rekrutiren sich die Spitalkranken in der grossen Mehrzahl der Fälle aus den niedersten ungebildetsten Volksklassen, wo von wirklich aufopfernder Pflege, abgesehen von der zweifelhaften Freude der Eltern an Hasenschartenkindern, oft schon deshalb nicht die Rede sein kann, weil beide Eltern dem Verdienst nachgehen, so kann ich ihm nicht recht geben. Im Allgemeinen bleibt die Mutter, auch wenn sie aus ärmlichen Kreisen stammt, die beste Pflegerin für ihr kleines Kind, und sie kann die Pflege des operirten Hasenschartenkindes wohl übernehmen, da eine grosse Sachkunde, wie es Fritzsche meint, zur Wartung der Kinder in der ersten Zeit nach der Operation kaum erforderlich ist. Dazu ist die Mutter während des Wochenbetts doch nicht imstande, der Arbeit nachzugehen. Wirtschaftlich sind die ärmeren Klassen viel schlechter gestellt, wenn sie ihr Kind ins Spital geben müssen, denn das Geld für den Spitalaufenthalt des Kindes wird ihnen meist nur geliehen und nicht geschenkt. Die Ausgabe ist aber in den Fällen keine kleine, wenn, wie es an der Berner Klinik der Fall ist (s. Bein l. c. pg. 9), durchschnittlich 32 Verpflegungstage auf ein Hasenschartenkind kommen, von denen dann ca. 3 Wochen zum Acclimatisiren an die Verhältnisse des Spitals, zum Teil zur Pflege oder zur Beseitigung krankhafter Zustände vor oder nach der Operation verwendet wurden. Schon bei kräftigen Kindern suchen wir im ersten Lebensjahre, um die Kleinen vor verderblichen Kinderkrankheiten zu bewahren, nach Kräften eine Änderung der Lebensverhältnisse und der Ernährung zu vermeiden, um so mehr sind wir dazu verpflichtet bei den oft schwächlichen Hasenschartenkindern, die infolge ihrer Missbildung zu Verdauungsstörungen besonders geneigt sind.

Auch im Interesse einer schönen prima intentio empfiehlt Simon (Beiträge zur plastischen Chirurgie, Prager Vierteljahrsschrift 1867) dringend die ambulatorische Behandlung; denn jede Schwächung des Kindes durch intercurrente Krankheiten, die es sich während des Spitalaufenthaltes leichter zuzieht, wird auch ziemlich prompt in der Wundheilung zum Ausdruck kommen.

Von den 84 operirten Hasenscharten, über deren ferneres Schicksal ich orientirt bin, wurden 40 ins Spital aufgenommen, 44 ambulant behandelt. Von den 40 starben im Laufe der Jahre 17 = 42,5 %, von den 44 poliklinisch behandelten starben 12 = 27,27 %. Um ein mehr gleichwertiges Material zu bekommen, ziehe ich auf beiden Seiten die Hasenscharten der III. Gruppe mit prominentem Zwischenkiefer ab, und ich erhalte folgendes Resultat:

Von 43 poliklinisch behandelten Hasenscharten der I. und II. Gruppe starben bisher 12 = 27,9 %, von 32 ins Spital aufgenommenen dieser Gruppen 12 = 37,5 %. Wenn die Zahlen auch nur klein sind, so halte ich den Schluss doch für berechtigt, dass es vorzuziehen ist, Hasenscharten zum Zweck der Operation nicht ins Spital aufzunehmen.

Wir verbieten der Mutter nicht das Anlegen des operirten

Kindes an die Brust; wenn das Kind die Brust verweigert, erhält es die Flasche oder wird vorsichtig mit dem Löffel ernährt.

Am 5. Tage findet die Entfernung der Nähte statt, nachdem vorher eine etwa vorhandene Kruste mit Glycerin aufgeweicht worden ist. Die Stichkanäle werden mit Zinkoxyd gepudert, und darauf wird das Kind ohne jeden Verband entlassen. Fixirende Verbände. Heftpflaster, Salbenverbände etc. werden nie von uns angewandt, weil wir sehen, dass wir gut ohne sie auskommen; sie nützen wenig und schaden viel. Gegen Heftpflasterverbände etc. äussert sich auch Stromeyer (Handbuch für Chirurgie Bd. II pg. 276), wenn er schreibt: » Teilweise sind mir allerdings die Nähte wieder aufgegangen, aber dieses hat mich nicht veranlasst Heftpflaster anzulegen; sobald sich nur eine Brücke von einer Seite zur andern gebildet hat, kann man darauf rechnen, dass der Rest der Spalte sich durch Granulationen schliessen werde, wenn man die Natur nicht stört durch Heftpflaster, Salben und Höllenstein, sondern sich mit feuchten Läppchen begnügt. Wer solche halb aufgegangene Hasenscharten mit Heftpflaster erziehen will, zerstört eher die zarten und doch so wertvollen Verbindungen, welche sich bereits gebildet haben, als dass er sie bewahre.« Wer einmal bei Fritzsche l. c. pg. 36—38 die Manipulationen liest, welche beim Anlegen und Entfernen dieser Verbände erforderlich sind, und die Peinlichkeit bedenkt, mit der sie ausgeführt werden müssen, dem wird die Lust vergehen einen Versuch mit ihnen zu machen, wenn er auf einfachste Weise gute und bessere Resultate erzielen kann.

Ein vollkommen negatives Resultat haben wir in vier Fällen aufzuweisen, 68, 111, 112 und 26.

Im Falle 68 handelte es sich um einfache linksseitige Lippenspalte. Das ins Krankenhaus aufgenommene Kind bekam am Tage nach der Operation plötzlich hohes Fieber (41,2). Die Temperatur war zwar nach 3 Tagen wieder normal, aber die Naht war vollkommen geplatzt. 8 Tage später trat unter Temperatursteigerung bis 42.9 der Exitus ein. Als Todesursache ist angegeben: Bronchitis, Darmkatarrh.

111 und 112, zwei nicht sehr kräftige Kinder mit doppelseitig durchgehenden Spalten und stark prominirendem Zwischenkiefer gingen 4 Wochen nach der subperiostalen Osteotomie des Vomers im Krankenhause zu Grunde an Magen-Darmkatarrh und

allgemeiner Atrophie. Der Verschluss der Lippenspalte wurde mehrmals vergebens versucht.

Das Kind Krabbenhöft (Nr. 26) mit doppelseitiger Cheilo-gnatho-palatoschisis wurde nach zweimaliger Operation ungeheilt entlassen. Über das weitere Schicksal des Kindes habe ich nichts erfahren können.

Bei dem Kinde Grant (66) wurde nur die Osteotomie des Vomers gemacht; da der Knabe nach der Operation bedeutend abmagerte, und fortwährend die Nahrung erbrach, sollte die Operation der Lippe auf eine günstigere Zeit verschoben werden. Das Kind starb jedoch bald nach der Entlassung in die Heimat.

Teilweisen Misserfolg finde ich 9 mal verzeichnet und zwar in den Fällen 4, 5, 9, 60, 61, 64, 69, 81 und 83. In 1 Falle (5) hatte nur der rote Lippensaum gehalten, 3 mal (in den Fällen 4, 81, 83) platzte die Naht an der einen Seite vollkommen, während es sich in den übrigen 5 Fällen nur um Lösung einer oder zweier Nähte handelte, ein Schaden, der nicht einmal in allen Fällen die Anlegung einer Sekundärnaht erforderlich machte.

Von diesen 13 ganzen oder teilweisen Misserfolgen fallen 2 auf die poliklinische, 11 auf die Spitalbehandlung.

Die Übrigen sind nach einmaliger Operation als geheilt aus der Behandlung entlassen, ob aber in allen Fällen vollkommene prima intentio eingetreten ist ohne partielle oberflächliche Nekrose der Wundränder, das kann ich namentlich bei den Kindern, welche sich in poliklinischer Behandlung befanden, nicht mit Sicherheit nachweisen.

Durch die Operation wurde eine breite symmetrische Lippe geschaffen. Beeinträchtigt wurde das kosmetische Endresultat durch eine unregelmässige, wulstige Narbe in 3 Fällen, durch einen leichten Einkniff ins Lippenrot resp. einen vorspringenden Lippen-buckel in 9 Fällen. In 6 Fällen verläuft durch das Lippenrot ein schmaler Streifen der äussern Haut, ein Fehler, der sich vermeiden lässt, wenn man bei der Lappenbildung den Schnitt genau am roten Lippensaume zwischen Haut und Schleimhaut anlegt.

Weit mehr aber als durch diese Mängel wird das Endresultat getrübt durch die Form der Nase und des Nasenlochs auf der Spaltseite. Reichlich 40 der operirten Kinder habe ich zu Anfang des Jahres selbst gesehen, und bei 21 habe ich die Bemerkung gemacht: das Nasenloch auf der Spaltseite ist vergrössert, der

3*

Nasenflügel ist abgeflacht. Bei 11 von diesen Kindern handelte es sich nun freilich um einseitig durchgehende Spalten, bei denen der Oberkiefer an der Spaltseite weiter zurücktritt, so dass auch der Ansatz des Nasenflügels weiter rückwärts liegt, bei den 10 übrigen aber war der Alveolarfortsatz an der Spaltbildung nicht beteiligt. Es ist nicht unwahrscheinlich, dass sich in diesen Fällen die oberste Naht noch gelöst hat, nachdem die Operirten aus der Behandlung entlassen waren. Jedenfalls fordert dieses Ergebnis uns auf, künftighin der Bildung des Nasenlochs noch mehr unsere Aufmerksamkeit zuzuwenden.

Zum Schlusse noch einige kurze Bemerkungen zur Odontologie der Hasenscharten.

Auf das Verhalten des Zwischenkiefers zur Spaltbildung und den zwischen Paul Albrecht und Th. Kölliker geführten Streit will ich an dieser Stelle nicht näher eingehen, da klinische Beobachtung weniger imstande ist, zur Entscheidung in dieser Frage beizutragen als eingehende anatomische Studien.

Die Lage des Spaltes zu den Schneidezähnen in den von mir beobachteten 22 Fällen von komplizirten Hasenscharten geht aus folgenden Zahnformeln hervor:

| No. | Art des Spaltes. Links. Rechts | Alter bei der Unter-suchung | Zahnschema. Rechts. Links. | | Bemerkungen. |
|---|---|---|---|---|---|

**1. Spalt zwischen Schneide- und Eckzahn. — Alle 4 Schneidezähne im Zwischenstück.**

| 24b | L/G*) | 9 Jahre | C / II Im | Im II C | Die beiden mittleren Schneidezähne sind gewechselt, die übrigen nicht. Blasse Narbe zwischen C und II rechts. Im beiderseits sehr gross, der linke etwas gedreht. |

*) C = Caninus; Im = Incisivus medialis.
   II = Incis. lat.; Iml = Inc. medio. lat.
   // = Spalte; / = Einkniff oder Narbe.
   L = Lippenspalte.
   G = Gaumenspalte.
   K = Spalte im Alveolarrande.
   (K) = Einkerbung oder Narbe im Alveolarrande.

| No. | Art des Spaltes. Links. Rechts. | Alter bei der Untersuchung | Zahnschema. Rechts. | Links. | Bemerkungen. |
|---|---|---|---|---|---|
| 27 | L. | 13 J. | C II Im | Im II / C | Sämtliche Zähne sind gewechselt. Zähne links schief stehend. Zwischen II und C links verläuft eine schmale weisse Narbe. Zwei dünne Ligamente ziehen sich von der Mittellinie links am Oberkiefer herab und verlaufen zum Im und in die Lücke zwischen II und C. |
| 37 | L (K) | 12 J. | C / II Im | Im II C | Zähne sind sämtlich gewechselt. Im beiderseits und II rechts um ¼ Wendung gedreht. C rechts im Durchbruch, zwischen ihm und dem 1. Prm. stehen die Wurzeln von 2 Wechselzähnen (C und 1. Prm.). |
| 51 | L K G | 8 J. | II C // II Im | Im II C | Im beiderseits gewechselt. II rechts dicht vorm Durchbruch nach aussen und oben vom cariösen Wechselzahn. Zähne sämtlich schief stehend, cariös. |

## 2. Spalt zwischen Schneide- und Eckzahn. — Fehlen des lateralen Schneidezahns auf der Spaltseite.

| No. | Art des Spaltes. Links. Rechts. | Alter bei der Untersuchung | Zahnschema. Rechts. | Links. | Bemerkungen. |
|---|---|---|---|---|---|
| 11) | L (K) | 10 J. | C II Im | Im / C | In der Lücke zwischen Im und C links soll ein schiefer Zahn gesessen haben, der vom Arzte extrahirt ist. Der Einkniff sitzt näher dem Im als dem C. |
| 89 | L K G | 8 J. | C II Im | Im / C | Zähne noch nicht gewechselt; Im links schief und nach hinten stehend. Der Schneidezahn zunächst dem linken Eckzahn fehlt. Der Spalt befindet sich zwischen der Lücke und dem Im. Die übrigen Zähne normal. |
| 91 | L K G | 2½ J. | C // Im | Im II C | Spalt genau in der Mitte zwischen C und Im rechts. Schneidezähne sämtlich schief stehend. |

| No. | Art des Spaltes. Links. Rechts | Alter bei der Untersuchung | Zahnschema. Rechts. | Links. | Bemerkungen. |
|---|---|---|---|---|---|
| 94 | L K G | 2½ J. | C II Im | Im // C | Der äussere rechte Schneidezahn steht etwas schief, die beiden mittleren Schneidezähne sind nach innen eingedrückt, so dass sie mit der medialen Kante einen nach innen einspringenden spitzen Winkel bilden. Der linke äussere Schneidezahn fehlt; die Spalte liegt unmittelbar dem linken medialen Schneidezahn an, vom Eckzahn etwa 2 mm entfernt. |
| 97 | L K | 2 J. | C / II Im | Im // C | Rechts kleine Furche zwischen C und II, links Spalt zwischen Im und C, der Spalt sitzt näher dem Im. Zähne schief stehend, II rechts sehr klein. |
| 116 | L (K | 2 J. | C II Im | Im / C | Der Einkniff links, der bei der Geburt so gross war, dass ein Zahn Platz in ihm gehabt hätte, ist nicht mehr vorhanden. Narbe zwischen Im und C. — C rechts dicht vorm Durchbruch. |

### 3. Spalt zwischen zwei Schneidezähnen.

| No. | Art des Spaltes. Links. Rechts | Alter bei der Untersuchung | Zahnschema. Rechts. | Links. | Bemerkungen. |
|---|---|---|---|---|---|
| 146 | L K G | ca 50 J. | C II Im | Im // II C | II links kleiner verkümmerter Schneidezahn. |
| 18 | L K | 16 J. | C II Im | Im / II C | Sämtliche Zähne sind gewechselt. Im links steht schief, zwischen ihm und dem II weisse Narbe. |
| 21 | L K G | 11 J. | C II Im | Im /, II C | Sämtliche Zähne sind gewechselt. Die beiden linken Schneidezähne stehen schief, der II klein. |
| 31 | L K G | 13 J. | C II Im | Im / II C | II links kleiner cariöser Wechselzahn; die übrigen Zähne sind schon gewechselt. Beide Im gross und um ¼ Wendung gedreht. |

| No. | Art des Spaltes. Links. | Rechts. | Alter bei der Untersuchung | Zahnschema. Rechts. | Links. | Bemerkungen. |
|---|---|---|---|---|---|---|
| 33 | | L K G | 12 J. | II / Im | Im II C | Gewechselt sind sämtliche Zähne bis auf den rechten Eckzahn. Beide Im gross und gedreht. Bei der Geburt breiter Spalt im Alveolarfortsatz, der sich bis auf eine schmale Rinne geschlossen hat. |
| 40 | L K | | 11 J. | C II Im | C Im / II C | Schneidezähne links schief stehend, zwischen beiden Narbe. II links um ¼ Wendung gedreht. |
| 44 | L K) | | 9 J. | C II Im | Im // II C | Die beiden mittleren Schneidezähne sind gewechselt, die übrigen nicht. Im Im sehr schief, gedreht und gegen einander geneigt. |
| 45 | | L (K. | 8 J. | C II / Im | Im II C | Im rechts steht schief, um ¼ Wendung nach aussen gedreht. II rechts sehr klein; zwischen beiden eine kleine Einkerbung. |
| 48 | L K G | L K G | 8 J. | C II // Im | Im Iml // II C | Die beiden mittleren Schneidezähne sind gewechselt, die übrigen nicht. Schneidezähne stehen sehr schief. Iml und II links zwei kleine gegen einander geneigte cariöse Schneidezähne von gleichem Bau. Zwischenkiefer beweglich. |
| 74 | L K G | | 4 J. | C II Im | Im / II C | II links klein. |
| 114 | | L (K) | 4 J. | C II / Iml Im | Im II C | Sämtliche Zähne Wechselzähne. Iml gedreht und nach innen stehend. |
| 117 | | L (K) | 5 J. | C II // Iml Im | Im II C | II und Iml rechts um eine volle halbe Wendung gedreht, kleiner als die übrigen gut entwickelten Zähne. |

In der Mehrzahl der Fälle, in 18 von 22, liegt der Spalt lateral vom mittleren Schneidezahn, und zwar 12 mal zwischen zwei Schneidezähnen, während 5 mal der laterale Schneidezahn fehlt; in 1 Falle (41) war der laterale Schneidezahn extrahirt. Nur 4 mal findet sich der Spalt zwischen lateralem Schneidezahn und Eckzahn.

Sowohl an meinem Material wie auch in den Litteraturangaben habe ich medial vom Spalt nie mehr als zwei Schneidezähne gefunden. Eine abweichende Beobachtung machte Kraske,[*) er sah folgendes: Rechts findet sich eine Furche im Knochen zwischen Ober- und Zwischenkiefer. letzterer trägt rechts 3, also im Ganzen 5 Schneidezähne. Aber — es handelte sich nicht um eine Hasenscharte, sondern um eine intra-uterin verschmolzene schräge Gesichtsspalte.

Ähnliche Resultate wie ich erhielten auch Th. Kölliker l. c. und Gotthelf.

Ein normales Gebiss habe ich bei den von mir untersuchten Kindern nie gefunden, auch dort nicht, wo es sich um einfachen unkomplizirten Lippenspalt handelte. Die Anomalien bezogen sich auf Anzahl, Stellung, Form und Farbe der Zähne.

Die mittleren Schneidezähne sind meist gross und kräftig, die lateralen dem Spalt gegenüberliegenden häufig klein, von bläulich grauer Farbe mit starker Neigung zur Caries. Mittlere wie seitliche Schneidezähne zeigen in fast allen Fällen eine Drehung um die Vertical-Axe von einer viertel bis zur vollen Wendung. Eine Regelmässigkeit in der Schiefstellung habe ich nicht herausfinden können.

Fall 22. 48. 87, 114 und 117 sind nach dem hexaprotodonten Typus gebaut (im medialen Zwischenkiefer kam der atavistische Schneidezahn zur Entwicklung — Albrecht'sche Theorie —). Davon ist Fall 22 nicht ganz einwandfrei, weil eine Täuschung nicht ausgeschlossen ist. Fall 87 aber zeigt, dass auch bei unkomplizirten Lippenspalten Anomalien in der Zahnzahl vorkommen.

Im Fall 5 fanden sich bei der Aufnahme des 8 Wochen alten Kindes im Zwischenkiefer 2 Zähne, die nach 8 Tagen ausgefallen waren.

In der Krankengeschichte 11 finde ich verzeichnet: Wie das Kind 8 Wochen alt war, bekam es angeblich im Zwischenkiefer einen weichen Zahn, der aber nach einigen Monaten wieder verwelkte. Eine ähnliche Beobachtung teilt Gotthelf mit; er ist geneigt den Wulst als das atrophische Mesognathion zu betrachten.

*) cf. Th. Kölliker: Über das os intermaxillare des Menschen etc. Halle 1882.

Wenn auch das klinische Material nicht geeignet ist in einen Streit einzugreifen, der vorwiegend auf anatomischem Gebiete liegt, so stehe ich doch nicht an zu erklären, dass die Albrecht'sche Theorie eine ungezwungene Erklärung aller klinischen Erscheinungen zulässt.

Meinem hochverehrten Chef, Herrn Professor Dr. F. Petersen, sage ich an dieser Stelle für die freundliche Überlassung des Materials herzlichen Dank.

| No. | Name u. Geschlecht. Datum der Aufnahme ins Krankenhaus oder in die Poliklinik. | Diagnose. | Links | Rechts | Poliklin. behandl. = P. | Spitalbeh. = S, Dauer. | Alter bei der Operation. | Anamnese und Status praesens. | Heredit und Ätiolog |
|---|---|---|---|---|---|---|---|---|---|
| 1 | Caspar, Wilhelm, Arbeiterssohn, Waisenhofstr. 24. 26. 10. 75 | | L | | P | | 17 Tg. | In der Familie keine Missbildungen. 1. Kind. Menge des Fruchtwassers nicht abnorm. (Nacher noch 4 normale Kinder.) Linksseitige Hasenscharte, die bis ins Nasenloch führt. | |
| 2 | Butenschön, Fanny, Arbeiterstochter, Sophienblatt 84. 29. 8. 75 | LKG | | | | S 14 Tg. | 5 Mon. | In der Familie keine Missbildungen. 3. Kind (später noch 7 wohlgebildete Kinder geboren) Menge des Fruchtwassers nicht abnorm. In den ersten 8 Tagen der Gravidität hat die Mutter sich über einen ihrer Einlogirer mit Hasenmund heftig erschrocken. Kräftiges Kind. | |
| 3 | Hinrichsen, Willy, Arbeiterssohn, Friedrichshof 12. 26. 10. 75 | | L | L | | S 7 Tg. | 4 Jahre | Ein Bruderkind des Mannes hat Hasenscharte und Wolfsrachen. — Unvollständige Hasenscharte beiderseits; man erkennt deutlich an 2 Narben, welche nach den Nasenlöchern verlaufen, dass die Spalten bis auf einen kleinen Rest intrauterin verheilt sind. Das Filtrum ist wenig kürzer als die Seitenteile der Lippe. | h. b. |
| 4 | Schröder, Heinr., Inspektorssohn, Maasleben. 27. 10. 75. 22. 1. 76 | LKG LKG Zwk. pr. | | | | S 35 +38 =73 | 6 Mon. | 2 Vettern der Muttern, sowie ein Stiefbruder (von derselben Mutter) hatten Hasenscharten. Vor 3 Monaten ist anderweitig der Versuch gemacht worden, die doppelseitige Hasenscharte zu operiren, die Vereinigung ist aber nur rechts gelungen. Hier geht eine Narbe hinauf bis ins Nasenloch. Links besteht ein bis ins Nasenloch reichender Lippenspalt mit harten narbigen Rändern. Der Spalt klafft am freien Lippenrande 8 mm. Doppelseitiger Gaumenspalt. Der sehr prominente Zwischenkiefer trägt einen Schneidezahn. Die sehr breite Nase steht etwas schief nach links hinüber. | h. b. |

| Operation. | Heilungsverlauf. | Entwicklung des Kindes nach der Entlassung und definitives kosmetisches Resultat. | Todes ursache. | Alter beim Tode. | Bemerkungen über Zahnstellung. |
|---|---|---|---|---|---|
| Thierschscher Schmetter ling. M. L.. | Nach 5 Tagen geh. entl., Spalte sehr schön vereinigt. Heilung p. pr. i. | Kräftiges, sehr gut entwickeltes Kind, war noch nie krank. Vorzügliches kosm. Resultat. Beim Tode noch keine Zähne. | † August 76 an acutem Brechdurch fall, dem das Kind in 1 Tage erlag. | 11 M. | |
| Th. Schm. M. L. Wenig Blutverlust. | Heilung nach 5 Tagen p. pr. i. | Das kräftigste von allen Kindern, gedieh sehr gut. Das kosm. Resultat nach Angabe der Mutter kein sehr schönes. Kind war stets gesund. | † nach dreitägiger Krankheit an Gehirnentzündung. 76. | 11 M. | |
| Op. in Narcose. | Heilung p. pr. i. Nach 5 Tagen. | Nichts Sicheres zu erfahren. | † 1883 an Lungenentzündung und Wassersucht. | 12 J. | |
| Thiersch'scher Schmetterling, erscinen Zweck nicht erfüllt. . 11. Extraction des Schneidezahns, keilförm. Resection des Vomers. 3. 11. Operation der Hasenscharte: Ausiebige Ablösung der Weichteile vom Knochen. Entspannungsuhte. Ziemlich starker Blutrerlust. Abends Varicellen. 9. 2. 76. Zweite Operation, ausgedehnte Ablsung, Entspannungsschnitte. | 5. 11. Wegen starker Einschnürung der Fäden werden die Nähte gelöst. 16. 11. Naht am Lippensaum aufgebrochen bis in die Nase. Durch Operation und hohe Temperaturen (40,2) Abnahme der Kräfte. Patient wird, nachdem er sich einigermassen erholt hat, am 1. 12. entlassen und wird am 22. 1. 76 wieder aufgenommen. Heilung (p. pr. i.) nach 5 Tagen. Ein kleiner Teil der Spalte am Lippensaum hat sich wieder gelöst. | Schröd. lebt. Abgesehen von kleinen Erkältungen, war er nie krank. Im Alter von 16 Jahren erhielt er von Herrn Zahnarzt Dr. Fricke-Kiel einen Obturator. Im Zwischenkiefer sollen nur zwei Schneidezähne stehen. Breite, gespannte Lippe ohne Einkniff. Das linke Nasenloch ist sehr gross, die Nase links stark abgeflacht. (Photographie.) Das kosm. Resultat wird dadurch stark beeintr. | | | Die Bemerkung, dass im Zwischenkiefer nur 2 Schneidezähne stehen, stammt vom Vater. Ich selbst habe keine Gelegenheit gehabt, Schröder zu sehen. |

| No. | Name u. Geschlecht. Datum der Aufnahme ins Krankenhaus oder in die Poliklinik. | Diagnose. Links / Rechts | Poliklin. Behandl. = P. | Spitalbeh. = S, Dauer. | Alter bei der Operation. | Anamnese und Status praesens. | Heredität und Ätiologie |
|---|---|---|---|---|---|---|---|
| 5 | Thönsen, Pauline, Arbeiterstochter, Osterhever. 8. 5. 76 | LKG LKG Zwk. pr. | | S 71 | 8 W. | In der Familie sonst keine Missbildungen. Kleines sehr atrophisches Kind. Am ganzen Körper vereinzelte Ekthymapusteln, Soor in Mund und Rachen. Unruhe, Erbrechen. Doppelseitige vollkommene Hasenscharte. Doppelseitiger Wolfsrachen. Der mit zwei Zähnen besetzte Zwischenkiefer prominirt in mässigem Grade. | |
| 6 | Eggers, Arbeiterskind, Klosterkirchhof 4. 3. 6. 76 | L | P | | 2 Tage | | |
| 7 | Schlappkohl, H., Schifferssohn, Laboe. 7. 6. 76 | L | P | | 2 Mon. | Mutter an linkss. Hasenscharte operiert. Eine Schwester des Vaters hat einen Klumpfuss. Eltern nicht blutsverwandt. Gut genährtes Kind mit einfacher linksseitiger Hasenscharte. | h. b. |
| 8 | Leisner, Willy, Lehrerssohn, Ellerbeck. 2. 5. 76 | Sitz des Spalts nicht zu ermitteln. | | S 3 | 4 Mon. | Labium et palatum fissum. das äusserst atrophische Kind hat am Abend der Aufnahme nur 35°, am 3. Tage morgens 34°, am 4. Tage Exit. let. In der Familie keine Missbildungen. | |
| 9 | Lettmann, Joh., Schneiderssohn, Annenstr. 80. 8. 6. 76 | LKG | P | | 9 W. | In der Familie keine Missbildungen. Zwillingskind. Der andere Zwilling, der nur 20 Stunden lebte, hatte ebenfalls Hasenscharte und Wolfsrachen. Beide Zwillinge kleine atrophische Kinder, an deren Lebensfähigkeit von vornherein gezweifelt wurde. Linksseitige Hasenscharte bis ins Nasenloch. Gaumenspalt durchsetzt links den Kiefer. Eltern nicht blutsverwandt. | h. b. |
| 10 | Meyer, Heinrich, Arbeiterssohn, Knoop. 20. 11. 75 | L | P | | 10 Jahr | Labium leporinum fiss. incompletum. | |

| )peration. | Heilungsverlauf. | Entwicklung des Kindes nach der Entlassung und definitives kosmetisches Resultat. | Todes ursache. | Alter beim Tode. | Bemerkungen über Zahnstellung. |
|---|---|---|---|---|---|
| Cegen allg. Irophie, Ec- yma, Soor Erbrechen v. 3 Wochen hinausge- hoben 30. 5. Jbperiostale 'section des mer, Op. d. tsenscharte. Störende Blutung. | 2. 6. Entfernung der Nähte; Auf- platzen der Naht unter der Nase. 7. 6. Nur der rote Lippensaum hat gehalten. Th. Schm. | 20. 6. Kind sehr atrophisch. 17. 7. Diarrhoen. | † 18. 7. 76 an Lungenem physem ohne Katarrh, Magendarm katarrh, Atrophie. | 9' zW | Im Zwischen kiefer standen bei der Aufnahme 2 Zähne, die nach 14 Tagen ausgefallen waren. |
| Op. | Nach 5 Tagen geh. entl. | Kind nicht wieder aufzufinden. | | | |
| Op. | Nach 5 Tagen Entfernung der Nähte. Heilung gut erfolgt. Ge- ringe Schwellung der Lippe | Sch. lebt, war nie krank. Durch die Operation ist eine Lippe geschaffen, welche fast garnicht entstellt. | | | Die Zähne im Oberkiefer stehen gut. |
| cht operirt. | | | † 4 Tage nach der Auf- nahme an Lebens- schwäche. | 4 Mt. | |
| Op. der asenscharte 8. 6. 76 | 13. 6. Entfer- nung der Nähte. Die Vereinigung ist am Lippen- rande ausge- blieben. | Nach Angabe der Eltern war die Lippe wunder- schön geheilt, so dass sie nicht entstellte. Kind litt beständig an Durchfällen. | † 5 Monate alt. Brech- durchfall. | 5 Mt. | |

| Name u. Geschlecht. Datum der Auf-No.nahme ins Krankenhaus oder in die Poliklinik. | Diagnose. | Links | Rechts | Poliklin. Be-handl. = P. | Spitalbeh. = S, Dauer. | Alter bei der Ope-ration. | Anamnese und Status praesens. |
|---|---|---|---|---|---|---|---|
| 11 Milisch, Carl, Pfaffenthor 7. 12. 8. 76 | LKG | | | | P | 4 W. | In der Familie keine Miss-bildungen. Eltern nicht bluts-verwandt. 3. von 11 Ge-schwistern und Halbge-schwistern. Die Mutter ging mit dem Kinde im 2. Monat gravid, da starb der Vater. Als Ursache für die Miss-bildung wird angegeben, dass die Mutter sich über die arg entstellte Leiche des Vaters sehr erschreckte. Linksseitige Hasenscharte und Gaumen-spalte. Rechter Zahnfortsatz der grösseren vorderen Hälfte mit dem Vomer verwachsen. Bürzel steht ziemlich stark vor. |
| 12 Schnoor, Luise, Arbeiterstochter, Ellerbeck. 23. 8. 76 | L | | | | P | 9 Jahre | Lab. fiss. lat. dextr. compl. Vor dem linken Trages cutis pendula mit kolbigem Ende, von 12, 6 u. 4 mm Länge.— Es fehlt der Radius rechts vollständig, ebenso der ganze Daumen, os Multangul. majus und naviculare; ob noch mehr, lässt sich nicht ent-scheiden. Die Ulna ist stark gekrümmt mit der Convexität nach der Radio-dorsalseite. Länge der r Ulna 13½ cm : 19½ links. Die Hand steht im rechten Winkel zur Ulna und zwar so, dass beim herabhängenden Arm der Kleinfingerrand der Hand am tiefsten steht. Die Finger können weder vollständig flectirt, noch vollständig ex-tendirt werden. Vollständige Extension nur in den Meta-carpo-phalangealgelenken möglich. Die Hand ist in der Entwickelung zurückgeblieben; die Länge vom Proc. styl. ul-nae bis zur Spitze des kleinen Fingers beträgt 9¼ cm : 10 cm links ; rechter Zeigefinger 6¼ cm : 7 cm links. Finger rechts dünner und zarter. Mass über die Metacarpo-pha-langealgelenke 12¼ cm : 15¼ cm links. |

| )peration. | Heilungsverlauf. | Entwicklung des Kindes nach der Entlassung und definitives kosmetisches Resultat | Todes ursache. | Alter beim Tode. | Bemerkungen über Zahnstellung. |
|---|---|---|---|---|---|
| mal poli- tisch ope- rt, Heilung r primam. | Per primam in 5 Tagen. | Die ersten 3 Jahre war das Kind sehr welk und schwächlich, ohne grade krank zu sein, nachher stets gesund; doch ist der körperlich gut ent- wickelte Knabe geistig etwas zurückgeblieben. | | | Wie er 8 Wochen alt war, bekam er angeblich im Zwischenkiefer einen weichen Zahn, der aber nach einigen Monaten wieder verwelkte. |
| Mirault- angenbeck. | | Nichts über das fernere Schicksal zu erfahren. | | | |

| No. | Name u. Geschlecht. Datum der Aufnahme ins Krankenhaus oder in die Poliklinik. | Diagnose. | | Poliklin. Behandl. = P. | Spitalbeh. = S, Dauer. | Alter bei der Operation. | Anamnese und Status praesens. | Heredität und Ätiologie |
|---|---|---|---|---|---|---|---|---|
| | | Links | Rechts | | | | | |
| 13 | Liel, Auguste, Ringstr. 83. 23. 1. 78 | LKG | | P | | 2 Tage | In der Familie keine Missbildungen. Eltern nicht blutsverwandt. 1. Kind, unehelich. Gut genährtes Kind. Der Spalt ist 17 mm breit. | |
| 14 | Witthinrichsen, Peter, Hohestr. 2. 19. 3. 78 | LKG | LKG | P | | 5 Tage | Der Vater leidet an linksseitiger Hasenscharte. Doppelseitige Hasenscharte und Wolfsrachen. Der Defect geht nicht bis in die Nase. In der Familie sonst keine Missbildungen. Eltern nicht blutsverwandt, von 10 Kindern zeigte nur das eine (d. 4.) die Missbildung. | h. b. |
| 15 | Steffen, Carl, Tischlerssohn, Hohestr. 16. 13. 2. 78 | LKG | LKG | P | | 1 Mon. | In der Familie keine Missbildungen. Eltern nicht blutsverwandt. Gesundes, kräftiges Kind. Lab. lepor. dupl. et palat. fissum. | Die Mutte will sich i 5. Monat d Gravidita vor einen Pferde er schrocke haben. |
| 16 | Ruhberg, Joh., Arbeiterssohn, Hohenlieth. 19. 1. 79 | LG (K) | | P | | 4 W. | In der Familie keine Missbildungen. Eltern nicht blutsverwandt. Lab. lepor. sin. Palat. molle fiss. Der harte Gaumen ist vereinigt. Auf der linken Seite im Oberkiefer ein Einkniff, eine Narbe durchsetzt den Alveolarfortsatz. | |

| peration. | Heilungsverlauf. | Entwicklung des Kindes nach der Entlassung und definitives kosmetisches Resultat. | Todes-ursache. | Alter beim Tode. | Bemerkungen über Zahnstellung. |
|---|---|---|---|---|---|
| . 13. 2. 78 | 19. 2. 78. Entfernung der Nähte. Heilung p. pr. | Als Kind nie krank; keine Krankheiten von seiten der Lunge oder des Darms. Das Mädchen ist klein geblieben. Kosmet. Resultat schlecht. Sehr grosses Nasenloch rechts, kleiner Einkniff in der Lippe. | | | R L. Die Zähne stehen so schief und unregelmässig, dass eine sichere Deutung nicht möglich ist. W // H Im Im H C W = Zahnwurzel 1½ cm hinter der vorderen Zahnreihe, lateral vom Spalt steht am Boden der Mundhöhle ein schiefer-spitzer, bleiben-der Zahn (nach der Form Eck-zahn). |
| 19. 3. Nur je operirt. | Durch einmalige Operation wurde eine gute Lippe geschaffen. | Das Kind hatte die Operation gut überstanden und war nachher kräftig. | ✝ an der Lunge. | ½ J. | Zahnstellung beim Vater: R L C H Im Im / H C H links ver-kümmert. |
| 14. 4. der Lippe. | 19. 4. Entfernung der Nähte. Heilung p. pr. | Schönes kosm. Resultat. Die Lippe war so gut geheilt, dass man glaubte, die Narben stammten von 2 kleinen Wunden her. Gute Entwicklung nach der Operation. Das Kind war nie krank. | ✝ an Scharlach. | 1 Jahr 8 Tg. alt. | Hatte beim Tode noch keine Zähne. |
| . 14. 2. 79 | Nach 5 Tagen Entfernung der Nähte. Heilung p. pr. 15. 5. 79. Gutes kosmetisches Resultat. | Nie ernstlich krank. Seit 1891 Ohrenlaufen rechts und Drüsenschwellung auf derselben Seite. Grosser, gut entwickelter Knabe; linke Lippen-hälfte etwas schmäler als die rechte. Links deutlicher Einkniff, Nasenflügel abgeflacht. | | | L R C I I Im Im H C Grade im Ein-kniff sitzt ein cariöser Schneidezahn. |

| No | Name u. Geschlecht. Datum der Aufnahme ins Krankenhaus oder in die Poliklinik. | Diagnose. Links | Rechts | Poliklin. Behandl. = P. | Spitalbeh. = S, Dauer. | Alter bei der Operation. | Anamnese und Status praesens. | Heredität und Ätiologie |
|---|---|---|---|---|---|---|---|---|
| 17 | Schanklies, Aug., Seemannssohn, Grossenrade. 18. 3. 79 | L LKG | (K)G | P | | 10 W. | Doppelte Hasenscharte; doppelter Wolfsrachen, rechts ist Lippe, Kiefer, Gaumen vollständig gespalten, links zeigt der Alveolarfortsatz nur eine Einkerbung. Bürzel steht wenig vor. | Angaben ü Heredität fehlen. |
| 18 | Schumann, Elfriede. Bäckergang 6. 10. 6. 79 | L(K) | | P | | 14 Tg. | Einseitige Hasenscharte 3. Gr. links. Der Oberkiefer ragt etwas hervor. (?) In der Familie keine Missbildungen. Eltern nicht verwandt. | In der Kra kengeschic keine An gaben. |
| 19 | Voigt, Dora, Maurerstochter, Preetz. 6. 11. 79 | L | | | S 5 Tg. | 8 Mt. | Hasenscharte links. | |
| 20 | Flindt, Heinrich, Wirtssohn, Steinhorst. 14. 6. 80 | LKG | | | S 7 Tg. | 9 Tg. | In der Familie keine Missbildungen. Der Spalt durchsetzt auf der linken Seite Lippe, Kiefer und Gaumen vollständig. Der linke Nasenflügel breit und eingesunken, die Nase weicht leicht nach rechts ab. | |
| 21 | Ivanovius? Knabe, Feldwebelssohn, Koldingstr. 13. 15. 8. 80 | LKG | | P | | 4 Tg. | In der Familie ähnliche Fälle nicht vorgekommen. Lab. leporin. et pal. fiss. dextr. Breiter Spalt in Lippe und Kiefer. Rechter Nasenflügel stark abgeplattet. | |
| 22 | Jacobsen, Auguste, Arbeiterskind, Exercierplatz 10. 9. 10. 80 | L | | P | | 5 Tg. | In der Familie keine Missbildungen. Eltern nicht blutsverwandt. Die Mutter weiss keine Ursache der Missbildung anzugeben. Wenig Fruchtwasser. Rechtsseitige Hasenscharte, bis in die Nase gehend. Ältestes von 9 wohlgebildeten Kindern. | |
| 23 | Prüss, Martha, Tischlerstochter, Grünholz bei Kappeln. 2. 7. 81 | L | | P | | 1 Jahr | In der Familie keine Missbildungen. Eltern nicht blutsverwandt. Lippenspalt links. | |

| Operation. | Heilungsverlauf. | Entwicklung des Kindes nach der Entlassung und definitives kosmetisches Resultat. |
|---|---|---|
| om 19. 3. bis 22. 4. Th. Schm. 25. 4. p. d. grösseren rechten palte: 5 Silewormnähte. 2. 6. Op. der Lippe links. | Nach je 5 Tagen wurden die Fäden entfernt. Gute Heilung. | Über die weitere Entwicklung des Kindes, das 1883 mit den Eltern nach Amerika ausgewandert sein soll, ist nichts zu erfahren. |
| 19. 6. Loslösung der Lippe vom Kiefer. 5 Nähte. | 24. 6. Entfernung der Nähte. Leichter Wundbelag. | Häufig Mandelentzünd., sonst nie krank. Kräftig. Mädchen. Linkes Nasenloch etwas abgeflacht. Breite symmetr. Lippe mit mässigem Einkniff. Im Oberkiefer links eine weisse Narbe. |
| 0.11. Op. der Iasenscharte. | Heilung p. pr. | |
| 5. 6. 80 Lippennaht. Das Kind verliert ziemlich viel Blut. | Wohlbefinden nach der Operation. 19. 6. Entfernung der Nähte. 20. 6. Geheilt entlassen. | Das kosm. Resultat der Operation war ein gutes. Das Kind lebt, hat sich gut entwickelt, war nie ernstlich krank. |
| 17. 8. Op. nach Mirault-Langenbeck. | | Nicht wieder aufzufinden. |
| 1. 10. operirt. | Heilung p. pr. | Lebt. Schöne symmetr. Lippe. Narbe etwas aufgeworfen. Recht. Nasenflügel etwas abgeflacht. Kleines Mädchen. 2 mal Diphtherie; Keuchhust., öfter Lungenkatarrh. Magen stets gesund; öfter Mundfäule. |
| 4. 7. 81 | Heilung p. pr. | Lebt. Sehr gutes Resultat; die Lippe entstellt fast garnicht, die Narbe ist kaum sichtbar. Ausser Erkältungen keine Krankheiten. |

| Name u. Geschlecht. Datum der Aufnahme ins Krankenhaus oder in die Poliklinik. | Diagnose. Links | Rechts | Poliklin. Behandl. = P. Spitalbeh. = S, Dauer. | Alter bei der Operation. | Anamnese und Status praesens. | Hereditä und Ätiologie |
|---|---|---|---|---|---|---|
| 24 Sohrweide, Mädchen, Obermaatskind, Langersegen. 9. 7. 81 | LKG | P | | 3 Tage | In der Familie vorher keine Missbildungen. Ein jüngerer Bruder wurde mit einer intrauterin verheilten rechtsseitigen Hasenscharte geboren. Eltern nicht blutsverwandt. Der Spalt durchsetzt die Lippe vollständig, bis ins Nasenloch, ferner den Alveolarfortsatz, harten und weichen Gaumen. | h. b. |
| 25 Klaussen, Rudolf, Kutscherskind, Olpenitz. 21. 5. 82 | LKG | LKG | Sp 21 Tg. | 6 W. | Eine ältere Schwester hatte Hasenscharte und Wolfsrachen doppelseitig, eine zweite einfachen Lippenspalt, ein jüngerer Bruder (1889 im Anschar-Hause oprirt) hatte einseitige Hasenscharte. | h. b. |
| 26 Krabbenhöft, Knabe (unehel.), Schlossstr. 12. 11. 11. 81 | LKG | LKG | Sp 23 Tg. | 2 Tage | Vacat. | |
| 27 Eckermann, Hans, Tapezierssohn, Lehmberg. 26. 1. 82 | L | P | | 6 W. | Der älteste Bruder Syndaktylie zwischen 2. u. 3. Zehe. Sonst in der Familie keine Missbildungen. Eltern nicht blutsverwandt. Unvollkommene Hasenscharte links. | Bruder Syndaktyli |
| 28 Reimers, Knabe, Pastorensohn, Selent. P. P. 23. 5. 82 | | | 4 Tg. | 2 Tage | Vacat. | |

| Heilungsverlauf. | Entwicklung des Kindes nach der Entlassung und definitives kosmetisches Resultat. | Todes ursache. | Alter beim Tode. | Bemerkungen über Zahnstellung. |
|---|---|---|---|---|
| Heilung p. pr. | Lebt. Breite symmetr. Lippe. Die bis ins Nasen loch gehende Narbe tritt wenig hervor. Nasenflügel stark abgeplattet. Mittelbreiter Spalt im weichen und harten Gaumen durchsetzt links den Alveolarfortsatz als ganz schmale Rinne. Kosm. Resultat gut; das Mädchen ist bedeutend weniger entstellt als der Bruder mit der intrauterin verheilten Hasenscharte. Körperlich gut entwickelt. | | | R L<br>C II Im Im // II C<br>Breite Schneidezähne stehen links schief, II klein. Sämtliche Zähne gewechselt. Bruder 9 Jahre alt.<br>R L<br>C II Im Im II C<br>w bl w<br>Kleine, blasse Narbe zwischen C und II rechts. Im s sehr gross, der linke etwas gedreht. L (k) rechts. |
| 11. 6. Geheilt entlassen. | Lebt. Bis zum 12. Jahre litt der Knabe stets an Diarrhoe, Schmerzen im Leibe, Erbrechen; mehrmals brachte er Blut auf, war überhaupt kränklich. Seit dem 12. Jahre ist er gesund und kräftig, auch geistig gut entwickelt. Es ist eine gute Lippe geschaffen, in deren Mitte sich ein kleiner, wenig auffallender Einkniff befindet. | | | Die Schneide zähne fehlen im Oberkiefer vollständig. |
| Ungeheilt entlassen 1. 2. | | | | |
| Heilung p. pr. | Wenig entwickelter, unintelligenter Knabe, war wenig krank. Breite, symmetr. Lippe ohne Einkniff. Ins Lippenrot zieht sich ein schmaler Streifen weisser Haut. Linkes Nasenloch etwas breiter und flacher als rechts. | | | R L<br>C II Im Im II C<br>Zähne links schief stehend. Zwischen II u. C verläuft eine schmale weisse Narbe. Zwei dünne Ligamente ziehen sich von der Mitte der Oberlippe links am Oberkiefer herab auf den Im und in den Zwichenraum zwischen II und C. |
| 25. 5. Verlegt nach Hause. | Soll nach Aussage des Gutsvorstehers 3 Jahre alt an Gehirnentzündung gestorben sein. | | | |

| No. | Name u. Geschlecht. Datum der Aufnahme ins Krankenhaus oder in die Poliklinik | Diagnose. Links | Rechts | Poliklin. Behandl. = P. | Spitalbeh. = S, Dauer. | Alter bei der Operation. | Anamnese und Status praesens. | Heredität und Ätiologie. |
|---|---|---|---|---|---|---|---|---|
| 29 | Langfeld, Wilh., Stellmachers-sohn, Fargau b. Salzau. 19. 6. 82 | L. (K)G | | | Sp. 4 Tg. | 12 W. | Von sieben Knaben sind die beiden ältesten und die drei jüngsten ohne Missbildungen. Der 3. u. 4. Sohn sind wegen Hasenscharte operirt. Hasenscharte. Wolfrachen rechts. | h. b. |
| 30 | Marler, Knabe, Arbeiterssohn, Wilster. 29. 7. 82 | LKG | | | Sp. 10 Tg. | 4 Tg. | Die Mutter ist mit Hasen-scharte behaftet. | h. b. |
| 31 | Lange, Alwine, Arbeiterskind, Langersegen 6. 11. 82 (Teichstr. 12). | LKG | | P | | 1 Tg. | Vollkommene Hasenscharte links, Spalt im harten und weichen Gaumen. In der Familie keine Missbildungen. | |
| 32 | Hinz, Ludwig, Maurerssohn, Ellerbeck. 16. 11. 82 | L. | | P | | 5 W. | Unvollkommene Hasenscharte rechts. In der Familie keine Missbildungen, Eltern nicht blutsverwandt. | |
| 33 | Hinkenitz,Christ., Arbeiterssohn, Knooperweg 129 (Unterestr. 4). 2. 4. 83 | LKG | | P | | 3 Tg | Eltern nicht blutsverwandt. Ein Bruder der Mutter hatte Hasenscharte. Spalt in der Lippe, dem harten und weichen Gaumen rechts. | h. b. Die Mutte will sich i 1. Monate d Cravidität schreckt haben, wi sie ein Ki mit Hase mund sah |
| 34 | Schult, Knabe, Arbeiterssohn, Hassstr. 13. 11. 5. 83 (Hassstr. 9). | L. | L. | P | | 1 Tg. | Doppelseitige vollständige Hasenscharte; rechts ist der Spalt breiter als links. Gaumen intact. In der Familie keine Missbildungen. Eltern nicht blutsverwandt. | |

55

| Operation. | Heilungsverlauf. | Entwicklung des Kindes nach der Entlassung und definitives kosmetisches Resultat. | Todes ursache. | Alter beim Tode. |
|---|---|---|---|---|
| . der Lippe. | 1 malige Operation. Heilung p. pr. | Nach Aussage des Gutsvorstehers: Die Lippe ist entstellt geblieben, die Lippe ist etwas auf gezogen und es ist ein kleiner Höcker vorhanden. « Gesunder Knabe, war nie krank. Der Gaumenspalt ist nicht geschlossen worden. | | |
| Lippenplastik. | Heilung p. pr. | Kosm. Resultat gut. Die Lippe ist kaum entstellt. | | |
| Lippenplastik. | Heilung p. pr. | Breite symmetr. Lippe. Ins Lippenrot zieht sich ein schmaler Streifen weisser Haut. | | |
| Lippen plastik. | | Kräftiger Knabe, wenig krank. Sehr gutes kosm. Resultat an Lippe und Nase. | | |
| Lippenplastik. | Heilung p. pr. | Gut entwickelter Knabe; hat häufig Lungenkatarrhe gehabt. Kosm. Resultat lässt zu wünschen übrig. Rechtes Nasenloch gross u. breit, Nasenflügel abgeflacht. Narbe wenig hervortretend. Ins Lippenrot zieht sich ein schmaler weisser Streifen. | | |
| Lippenplastik. al in der oliklinik operirt. | Heilung p. pr. | Gut entwickelter Knabe. Schöne Nase, breite Lippe, in der Mitte kleiner Einkniff. | | |

| No. | Name u. Geschlecht. Datum der Aufnahme ins Krankenhaus oder in die Poliklinik. | Diagnose. | Links | Rechts | Poliklin. Behandl. = P. | Spitalbeh. = S, Dauer. | Alter bei der Operation. | Anamnese und Status praesens. |
|---|---|---|---|---|---|---|---|---|
| 35 | Lindt, Johannes, Kätnerssohn, Dietrichsdorf. 30. 5. 83 | | L | | P | | 16 W. | In der Familie keine Missbildungen. Eltern nicht blutsverwandt. Lippenspalt links. |
| 36 | Wahrlich, Anna, Kaufmannstocht. Gr. Kuhberg. 21. 5. 83 | | | | | Sp. 24 | 16 Tg. | |
| 37 | Wiese, Reinhold, Bäckerssohn, Schönberg. 4. 10. 83 (Annenstr. 12) | | L.(K) | | | Sp. 5 Tg. | 3 W. | In der Familie keine Missbildungen. Eltern nicht blutsverwandt. Rechtsseitiger Lippenspalt. |
| 38 | Seemann, Hans, Zollbeamter, Altona. 7. 10. 84 | | | | P | | 8 W. | Eltern nicht blutsverwandt; in der Familie keine Missbildungen. Hasenscharte. Gaumenspalt. |
| 39 | Frahm, Hans, Arbeiterskind, Heidenberg. 21. 10. 84 | | L | L. | | Sp. 2 Tg. | 7 W. | In der Familie keine Missbildungen. Eltern nicht blutsverwandt. Doppelseitige Hasenscharte. |
| 40 | Beltermann, Knabe, Arbeiterskind, Annenstr. 28. 9. 84 | | L.(K) | | P | | 5 Std. | In der Familie keine Missbildungen. Eltern nicht blutsverwandt. 1. Kind, 5 jüngere Geschwister gesund. Unvollkommene Hasenscharte links. Kleiner Einkniff in der Alveole links, vom Einkniff zieht eine schmale Hautfalte nach oben. |

| Heilungsverlauf. | Entwicklung des Kindes nach der Entlassung und definitives kosmetisches Resultat. | Todes-ursache. | Alter beim Tode. | Bemerkungen über Zahnstellung. |
|---|---|---|---|---|
| Heilung p. pr. | Gesundes Kind, war nie erheblich krank. Das kosm. Resultat soll ausgezeichnet sein. Lebt. | | | Die Zähne sollen normal u. grade im Kiefer stehen. |
| Heilung p. pr. | Kind nie wesentlich krank; Operationsresultat gut. Sehr schöne Lippe, Narbe garnicht auffällig. Nasenflügel unbedeutend abgeflacht. | | | R. L. C / II Im Im II C Zähne sind sämtlich gewechselt. Im beiderseits und II R um ¼ Wendung gedreht. C rechts im Durchbruch, zwischen ihm und dem 1 Prm steht noch der Rest zweier cariöser Wechselzähne. Im Oberkiefer stehen die beiden, der Narbe gegenüberliegenden Zähne schräg.« |
| geheilt entlassen 25. 10. 84. | Nach Bericht der Eltern im Alter von 6 Monaten Lungenentzündung, später häufig Mandelentzündung; leidet noch jetzt sehr an Magenschwäche. Die Oberlippe ist sehr stramm; dadurch ist das Kind etwas entstellt. Kosm. Resultat gut. Das Kind war nach der Operation gesund, wurde nach der Impfung krank. | Kopfkrämpfe. | ½ J. | |
| Heilung p. pr. | In den ersten Jahren häufig Lungenkatarrh, sonst gesund. Gut entwickelt. Jüngling, geistig etwas zurückgeblieben. Breite symmetr. Lippe. Die Narbe zeigt in der Mitte einen Buckel. Link. Nasenloch weiter, Nasenflügel etwas abgeflacht. | | | R L. C C II Im Im/ II C Im II links schief stehend. Narbe zwischen Im und II. II links um gut ¼ Wendung gedreht. |

| No. | Name u. Geschlecht. Datum der Aufnahme ins Krankenhaus oder in die Poliklinik. | Diagnose. Links | Rechts | Poliklin. Behandl. = P. | Spitalbeh. = S, Dauer. | Alter bei der Operation. | Anamnese und Status praesens. | Heredität und Ätiologie. |
|---|---|---|---|---|---|---|---|---|
| 11 | (Koldingstr. 25) Jayns, Christine, Schneiderskind, Gaarden. 15. 4. 85 | L(K) | | P | | 17 Tg. | In der Familie keine Missbildungen. Eltern nicht blutsverwandt. Lab. lepor. sin. compl. | |
| 12 | Jensen, Heinr., Arbeiterssohn, Stexwig. (Buchenau, Kreis Eckernförde.) 15. 5. 85 | LKG | | | Sp. 16 Tg. | 5/4 Jahr | In der Familie keine Missbildungen. Eltern nicht blutsverwandt. Hasenscharte, Gaumenspalt links. | |
| 13 | Schnack, Alma, Zimmermannskind, Gaarden, Augustenstr. 29. 15. 6. 85 | L | | P | | 3 W. | | |
| 14 | Asmus, Rudolf, Landmannssohn, Hohestr. 22. 10. 11. 86 | L(K) | | P | | 2 Tage | In der Familie keine Missbildungen. Eltern nicht blutsverwandt. | Der Vater sah mit einem Auge schlecht, das Auge war etwas kleiner das obere Lid konnte nicht vollständig gehoben werden. Der Sohn ha ebenfalls ge Ptosis links. |
| 15 | Rosenfeld, männl. Zimmermannskind, Koldingstr. 21. 22. 2. 87 (Schauenburgerstrasse 64.) | L(K) | | P | | 3 Tage | In der Familie keine Missbildungen. Eltern nicht blutsverwandt. Über die Menge des Fruchtwassers nichts Sicheres zu erfahren. Hasenscharte 2. Gr. rechts. Uvula sehr spitz, schliesst die Mundhöhle nicht vollkommen ab. | Starker Schreck in den ersten Monaten der Gravidität als Ursache angegeben. |
| 16 | Barg, Knabe, Kaufmannssohn, Kirchhofsallee. 29. 4. 87 (Muhliusstr. 59.) | ? | ? | P | | 8 Tage | In der Familie keine Missbildungen. Cheilo-gnathopalatoschisis. Sitz des Spalts nicht angegeben. Kräftig gebautes, wohlgenährtes Kind. | Mutter hat im 4. Monate der Gravidität ein Kind mit Hasenmund gesehen. |

59

| Operation. | Heilungsverlauf. | Entwicklung des Kindes nach der Entlassung und definitives kosmetisches Resultat. | Todes ursache. | Alter beim Tode. | Bemerkungen über Zahnstellung. |
|---|---|---|---|---|---|
| Op. der senscharte. | Heilung p. pr. | Gutes kosm. Resultat. Lippe breit u. regelmässg. Nase regelmässig. Gut entwickeltes Kind, war wenig krank. Im Kiefer links eine kl. Einkerbung und weisse Narbe. Von der Narbe zieht z. Lippe ein dünnes Ligament. | | | R L. C II Im Im / C In der Lücke links soll ein schiefer Zahn gesessen haben, der vom Arzte extrahirt ist. Der Einkniff sitzt näher dem Im als dem C. |
| Op. der asenscharte ch Mirault-angenbeck. | Lebt. | | | | |
| | Heilung p. pr. | | | | |
| Op. der asenscharte ch Mirault-angenbeck. | Heilung p. pr. | Kind nach der Operation kümmerlich. Flaschenkind. Nach dem 1. Jahre gute Entwicklung. Breite Oberlippe; ins Lippenrot schiebt sich ein Streifen weisser Haut. Nasenflügel links abgeflacht. Vomer steht schief, nach rechts. | | | R L. C II Im Im // II C Die beiden mittleren Schneidezähne sind gewechselt, die übrigen nicht. Im Im sehr schief, gedreht und gegen einander geneigt. |
| Op. der tsenscharte. | Heilung p. pr. | Breite Lippe, an der rechten Hälfte steht das Lippenrot ein wenig tiefer. Narbe tritt wenig hervor. Rechtes Nasenloch etwas grösser, rechter Nasenflügel unbedeutend abgeflacht. | | | R L. C II / Im Im II C Im rechts steht schief, mit der Aussenseite nach hinten gedreht; II rechts klein. Zwischen beiden eine kleine Einkerbung. |
| b. der Lippe ch Mirault-angenbeck. | Heilung p. pr. | Sehr gutes kosm. Resultat. Lippe und Nase fast normal. Befinden nach der Operation gut. | Plötzlich am Gehirnschlag †. | 4 W. | |

| No. | Name u. Geschlecht. Datum der Auf-nahme ins Krankenhaus oder in die Poliklinik. | Diagnose. Links | Rechts | Poliklim. Be-handl. = P. | Spitalbeh. = S, Dauer. | Alter bei der Ope-ration. | Anamnese und Status praesens. | Heredität und Ätiologie. |
|---|---|---|---|---|---|---|---|---|
| 47 | Struve, Knabe, Schreiberskind, Exercierplatz 13. 29. 4. 87 | | | P | | 2 Tage | Cheilo - gnatho. polatochisis. | |
| 48 | Prüss, Elsa, Malerskind, Hassthor 19. 4. 5. 87 | LKG | LKG | P | | 2 Tage | In der Familie keine Miss-bildungen. Eltern nicht bluts-verwandt. Doppels. vollkom-mene Hasenscharte, doppels. Wolfsrachen. Zwischenkiefer springt stark vor. | Ganz im An fang der Gr vidität hef tiger Schrec angegeben. |
| 49 | Plambeck, Mädchen, Musikerskind, Koldingstr. 36. 9. 5. 87 | LKG | | P | | 9 Tage | In der Familie keine Miss-bildungen. Eltern nicht bluts-verwandt. Über Fruchtwasser keine Angaben. Hasenscharte, Wolfsrachen links. Lippenspalt 2,5 cm breit, Kieferspalt 1,5 cm breit. Kräftiges Kind. | |
| 50 | Elmhusen, Willi, Schlosserskind, Gerhardstr. 30. 4. 85 (Adolfstr. 2.) | LG | | P | | 1 Mon. | Anamnese s. z. 51. Cheilo-pa-latoschisis sin. Spalt sehr breit. | Im 1. Mona »Versehen. Mutter hat einen Mani mit Hasen scharte ge sehen. |
| 51 | Elmhusen, männl. 21. 5. 87 | LKG | | P | | 1 Tag | Ein Bruder (50) hatte Hasen-scharte und Wolfsrachen, sonst in der Familie keine Miss-bildungen. Eltern nicht bluts-verwandt. Bei allen Kindern auffallend viel Fruchtwasser. | h. b. |
| 52 | Busse, Edmund, Technikerskind, Gaarden, Wilhelminenstr. 8 14. 6. 87 | L | | | | 7 Tage | Einfache Lippenspalte links. | |

| Operation. | Heilungsverlauf. | Entwicklung des Kindes nach der Entlassung und definitives kosmetisches Resultat. | Todes ursache. | Alter beim Tode. | Bemerkungen über Zahnstellung. |
|---|---|---|---|---|---|
| | | Über das weitere Schicksal des Kindes nichts zu erfahren. | | | |
| ). der Lippe ch Mirault-angenbeck. | 1 mal pol. op. | Gutes kosm. Resultat. Breite Lippe, symmetr. Nase. Eine weisse Hautbrücke zieht sich ins Lippenrot. Die den Alveolarfortsatz durchsetzenden Spalten sind sehr schmal. Gut entwickeltes Kind, von Jugend auf nie krank. | | | R L. C II/ Im Im II//II C Schneidezähne im Oberkiefer sehr schief stehend. II, II links zwei kleine cariöse Wechselzähne, von gleichem Bau, gegen einander geneigt. Die beiden mittleren Schneidezähne sind gewechselt. |
| ). der Lippe ch Mirault-angenbeck. | Heilung p. pr. | Nach Aussage der Mutter waren Nase und Lippe so geheilt, dass die Missbildung durchaus nicht auffiel. | † an Lungen- und Wassersucht. ‹ | 8 W. | |
| Op. der isenscharte. | Heilung p. pr. | Gutes kosm. Resultat. | † an Brechdurchfall, 11 Tage lang. | 5½ Mon. | |
| Op. nach Mirault-angenbeck. | Heilung p. pr. | Das Kind hat häufig an Lungen- u. Magenkatarrh gelitten. Breite, unsymmetr. Lippe; in d. Lippenrot hinein zieht sich ein schmaler weisser Hautstreifen. Rechtes Nasenloch weit, rechter Nasenflügel abgeflacht. Ein schmaler Spalt durchsetzt den Alveolarfortsatz zwisch. 2. Schneidezahn rechts u. Eckzahn. Zwischenkiefer steht schief. | | | II R L C / II Im Im II C Im beiderseits gewechselt. II rechts dicht vorm Durchbruch nach aussen und oben vom cariösen Wechselzahn. Zähne sämtlich schiefstehend, cariös. |
| Op. nach Mirault-angenbeck. | | Über das fernere Schicksal nichts erfahren. | | | |

| No. Name u. Geschlecht. Datum der Aufnahme ins Krankenhaus oder in die Poliklinik. | Diagnose. | Links | Rechts | Poliklin. Behandl. = P. | Spitalbeh. = S. Dauer. | Alter bei der Operation. | Anamnese und Status praesens. | Heredität und Ätiologie |
|---|---|---|---|---|---|---|---|---|
| 53 Lühs, Ferdinand, Landmannssohn. 13. 7. 85 | LKG | LKG | | | Sp. 43 Tg. | 1½ J. | Kräftig gebauter Knabe. Cheilo-gnatho-polatoschisis dupl. | Vacat. |
| 54 Bergers, Marie, unehelich, Ellerbeck. 18. 10. 87 | | L | | P | | 3 Tage | Hasenscharte links. | |
| 55 Krützfeldt, Ella, Hufnerskind, Heikendorf. 29. 10. 87 | | L | | P | | 4 Tage | Lippeneinkniff links. In der Familie keine Missbildungen. Eltern nicht blutsverwandt. | |
| 56 Buller, Ernst, Malerssohn, Neumühlen. 6. 8. 88 | | L | | P | | 3 Tage | Hasenscharte links. | |
| 57 Schöning, Otto, Bauernsohn, Segalendorf. 22. 6. 88 | LG | LKG | | | Sp. 10 Tg. | 3½ W. | In der Familie keine Missbildungen. Eltern nicht blutsverwandt. Cheilo-schisis links, Cheilo-gnatho-palatoschisis rechts. Am harten Gaumen besteht ein Geschwür in der halben Grösse eines Pfennigs. Ernährung bisher durch die Flasche. | |
| 58 Heeschen, Knabe, Arbeiterskind, Kl. Kuhberg 33. 28. 6. 88 | | L | | P | 4 Tg. | 4 Tage | Hasenscharte rechts. | |
| 59 Carstens, Knabe, Arbeiterskind, Kiel. 10. 11. 88 | LKG | | | P | 4 Tg. | 4 Tage | In der Familie keine Missbildungen. Reichlich Fruchtwasser. Sehr kleines elendes Zwillingskind mit Atemnot. Der andere Zwilling gleich nach der Geburt gestorben. | |
| 60 Bauer, Caroline, unehelich, Kiel. 17. 10. 88 (Jungmannstr. 61) | LG | LG | | | Sp. 8 Tg. | 1 Jahr | In der Familie keine Missbildungen. Doppels. Hasenscharte 2. Grades. Gaumenspalte. | |

| Heilungsverlauf. | Entwicklung des Kindes nach der Entlassung und definitives kosmetisches Resultat. | Todesursache. | Alter beim Tode. | Bemerkungen über Zahnstellung. |
|---|---|---|---|---|
| 25. 8. 85. Geheilt entlassen. | Weiteres Schicksal unbekannt. | | | Der vollständig getrennt entwickelte Zwischenkiefer trägt 2 gut gebildete Schneidezähne. |
| Heilung p. pr. | Ferneres Schicksal unbekannt.<br>»Durch die Operation war eine Lippe geschaffen, welche sehr wenig, fast garnicht entstellte.«<br>Ferneres Schicksal unbekannt. | † an Diphtherie. | 1½ J. | |
| 28. 6. Entfernung der Fäden. 1. 7. Geheilt entlassen. | Gutes kosm. Resultat. Kind lebt und ist gut entwickelt. | | | |
| | Ferneres Schicksal unbekannt. | † 3 Tage nach der Operation. Todesursache unbekannt. | 7 Tg. | |
| 22. 10. Nähte entfernt. Bis auf eine kleine Stelle im roten Lippensaum Heilung p. pr. | Gut genährtes, kräftiges Kind, war nie krank. Nase normal. Breite symmetr. Lippe. Die Narben sind tief eingezogen. | | | R L<br>C U lm lm U C<br>lm lm gross und schief stehend, so dass sie im stumpfen Winkel zusammen stossen, sind gewechselt. U links klein. |

| No. | Name u. Geschlecht Datum der Aufnahme ins Krankenhaus oder in die Poliklinik. | Diagnose. Links | Rechts | Poliklin. behandl. = P. Spitalbeh. = S, Dauer. | Alter bei der Operation. | Anamnese und Status praesens. | Heredität und Ätiologi |
|---|---|---|---|---|---|---|---|
| 61 | Eggers, Lina, Kaufmannstocht. Kappeln. 25. 1. 89 | LG | | Sp. 8 Tg. | 3 W. | In der Familie keine Missbildungen. Eltern nicht blutsverwandt. Hasenscharte 3. Gr. links, totale Gaumenspalte. | |
| 62 | Brockstedt, Johs., Böttcherssohn, Moorberg. 16. 3. 89 | L | LKG | Sp. 10 Tg. | 17 W. | Cheilo - gnatho - palatoschisis rechts. Links besteht nur eine kleine Lippenspalte, die nicht bis zum Nasenloch reicht. | Anam. Va |
| 63 | Günther, Knabe, Bäckerssohn, Wilhelminenstr. 3 26. 3. 89 | LKG | | P | 6 Tage | Eine Schwester der Grossmutter hatte ebenfalls Hasenscharte. Cheilo-gnatho. palatoschisis sin. | h. b. |
| 64 | Claussen, Friedr., Arbeiterssohn, Olpenitz. 8. 5. 89 | LK | | Sp. 10 Tg. | 6 W. | Hasenscharte 3. Gr. rechts, auch der Kiefer zeigt eine Lücke. « | Vacat. |
| 65 | Harder, Minna, Pastorenkind, Tetenbüll. 27. 9. 89 | L | | Sp. 7 Tg. | 14 Mt. | Ein jüngerer Bruder hat angeborenen Klumpfuss. Hasenscharte links ist auswärts operirt worden; ein kleiner Einkniff ist zurückgeblieben. | h. b. |
| 66 | Grant, Jens, Arbeiterssohn, Fahrenkrug. 7. 10. 89 | LKG | LKG | Sp. 13 Tg. | 8 W. | Hasenscharte und Wolfsrachen doppelseitig. Der Bürzel steht sehr weit hervor. Operation aufgeschoben wegen fieberhafter Bronchitis. 1894 von der Mutter ein Kind mit Gaumenspalte geboren. | h. b. |
| 67 | Kempfert, Otto, Arbeiterssohn, Heide. 2. 10. 89 | LKG | LKG | Sp. 28 Tg. | 3/4 Jahr | Das erste Kind des Kempfert ist mit Wasserkopf geboren, zwei spätere Kinder starben früh an Krämpfen. Hereditär keine Belastung. | h. b. ? |

| Heilungsverlauf. | Entwicklung des Kindes nach der Entlassung und definitives kosmetisches Resultat. | Todesursache. | Alter beim Tode. | Bemerkungen über Zahnstellung. |
|---|---|---|---|---|
| 30. 1. Wunde klafft an einer kleinen Stelle; 1 Secundärnaht. 2. 2. Geheilt entlassen. 24. 3. Entfernung der Nähte. Vorzügliche Heilung, Lippe wohl gestaltet. 25. 3. Geheilt entlassen. Heilung p. pr. | 31. 7. 89. Operation der Gaumenspalte; die Lippe hat einigermassen normale Form. Der linke Nasenflügel ist abgeplattet, das linke Nasenloch weiter als das rechte. 25. 1. 90. Entlassen nach ausgeführter Staphyloraphie. Ein kl. Lippeneinkniff ist gleichzeitig beseitigt. Über das weit. Schicksal des Kindes nichts zu erfahren. Gutes kosm. Resultat. Das Kind hatte im 1. Lebensjahre ca. alle 8 Wochen Lungen- und Darmkatarrh. Im Alter von 1 J. erkrankte es mit 3 Geschwistern an Diphtherie und starb, während d. Geschwister genassen. | † an Diphtherie. | 1 Jahr | Die Zähne sollen normal im Kiefer stehen. |
| 13. 5. Entfernung der Nähte. Die Wundränder klaffen im oberen Teil; 2 Entspannungsnähte, 1 Vereinigungsnaht. 23. 5. Geheilt entlassen. 4. 10. Geheilt entlassen. | Unbekannt.

Lebt. | | | |
| 15. 10. Kind magert sehr ab, bricht fortwährend, verweigert die Nahrung. Temperat. erhöht. 20. 10. Entlassen. Operation auf später verschob. 21. 10. Entfernung der Nähte. Heilung p. pr. | Nach Angabe des Gemeindevorstehers ist das Kind bald nach der Operation in der Heimat gestorben.

10. 2. 90. Sehr gutes kosm. Resultat. | † Todesursache unbekannt.

† 23. 2. 1890. 13 Tage nach Ausführung der Uranoplastik. Plötzlicher Tod ohne greifbare Ursache. Sekt.-Befund negativ. | 14 Mt. | |

| No. | Name u. Geschlecht. Datum der Aufnahme ins Krankenhaus oder in die Poliklinik. | Diagnose. Links | Rechts | Poliklin. behandl. | Spitalbeh. S. Dauer. | Alter bei der Operation. | Anamnese und Status praesens. | Heredität und Ätiologie. |
|---|---|---|---|---|---|---|---|---|
| 68 | Szurla, Max, unehelich, Dönick. 21. 2. 90 | L | | | Sp. 12 Tg. | 14 Tg. | Anamnese vacat. Linksseitige Hasenscharte. | Vacat. |
| 69 | Knudsen, Anna, Arbeiterstochter, Friedrichstadt. 20. 11. 89 | L | | | Sp. 7 Tg. | 11 W. | Linksseitige Hasenscharte 2. Gr. Grossmutter väterlicherseits geisteskrank. Ein jüngerer Bruder (s. Nr. 70) mit Hasenscharte und Wolfsrachen geboren. | h. b. |
| 70 | Knudsen, Heinr., der Vorigen Bruder. 26. 5. 91 | LG | | | Sp. 8 Tg. | 4 W. | In der Familie der Eltern keine Missbildungen. Von 3 Kindern das erste wohlgebildet, das zweite mit Hasenscharte, das dritte mit Hasenscharte und Wolfsrachen geboren. Sehr viel Fruchtwasser. Ziemlich kräftiges, sonst wohlgebautes Kind. Hasenscharte linksseitig, Spaltung des harten und weichen Gaumens. | |
| 71 | Schmitt, Carl, Arbeiterssohn, Gremsmühlen. 13. 5. 90 | ? | ? | | Sp. 11 | 6 W. | In der Familie keine Missbildungen. Eltern nicht blutsverwandt. Einseitige Lippenspalte. Spalte im harten und weichen Gaumen. | |
| 72 | Stöwer, Karl, Arbeiterssohn, Segeberg. 22. 5. 90 | LKG | LKG | | Sp. 8 Tg. | 3/4 Jahr | Doppelseitige Lippenspalte. Spalte im harten und weichen Gaumen. Anamnese vacat. | |
| 73 | Claussen, Marie, Arbeiterstochter, Schwabstedt. 6. 7. 90 | L | | | Sp. 7 Tg. | 1/4 Jahr | In der Familie keine Missbildungen. Eltern nicht blutsverwandt. Hasenscharte 3. Gr. rechts. | |
| 74 | Petersen, Auguste, unehelich, Russee. 29. 5. 91 | LKG | | P | | 10 Tg. | Cheilo-gnatho-palatoschisis sin. Lippe vollständig gespalten. In der Familie keine Missbildungen. | |

| Operation. | Heilungsverlauf. | Entwicklung des Kindes nach der Entlassung und definitives kosmetisches Resultat. | Todes ursache. | Alter beim Tode. | Bemerkungen über Zahnstellung. |
|---|---|---|---|---|---|
| 21. 2. heiloplastik. | 22. 2. Abends Temp. 41,2, Erbrechen, 25. 2 Temp. normal. Naht vollkommen aufgeplatzt. 5. 3. Plötzlich Fieber 42,9. Exitus. | | † an Bronchitis, Darmkatarrh. | 26 Tg. | |
| heiloplastik. | Heilung p. pr. Die letzte Naht am Lippensaum hat durchgeschnitten, dadurch ein kleiner Einkniff bedingt. | Das Kind war nie krank. | | | Zahnstellung soll regelmässig sein. |
| 27. 5. heiloplastik. | 3. 6. Entlassen. Heilung p. pr. | | † | † Krankheit nicht vorauf gegangen. 9 W. | |
| Mirault-Langenbeck. | 24. 5. Entlassen. Heilung p. pr. | Kind lebt, war nie krank. Lippe wenig entstellt. | | | Nach Aussage des Ortsvorstehers fehlt ein Schneidezahn. Zähne stehen sonst gut. |
| heiloplastik. | 30. 5. Entlassen. Heilung p. pr. | Ferneres Schicksal unbekannt. | | | |
| Mirault-Langenbeck. | 13. 7. Geheilt entlassen. | Resultat sehr gut, die Lippe ist garnich entstellt. Ausser Masern keine Krankheit. | | | R L. |
| heiloplastik. | Heilung p. pr. | Im Jan. u. Febr. 92 Uranoplastik. Geh. entl. 18.2.92. 4 Woch. nach d. Entlass. schwer Lungenkatarrh; sonst nie krank. Kräftig entwickeltes Kind. Link. Nasenloch breiter, Nasenflügel abgeflacht. Im harten Gaumen kl. dreieckiger Defect. Uvula gespalten. Kleiner Wulst im Lippenrot. | | | C II lin lin / II C. II links klein. |

| No. | Name u. Geschlecht. Datum der Aufnahme ins Krankenhaus oder in die Poliklinik. | Diagnose. Links | Rechts | Poliklin. Behandl. = P. | Spitalbeh. = S, Dauer. | Alter bei der Operation. | Anamnese und Status praesens. | Heredität und Ätiologie. |
|---|---|---|---|---|---|---|---|---|
| 75 | Behlich, Friedrich, unehelich. 1. 6. 91 | L | P | | | 4 Tage | Hasenscharte rechts. | |
| 76 | Hagge, Johann, Arbeiterskind, Schalkholz. 1. 6. 91 | LG | P | | | 14 Tg. | In der Familie keine Missbildungen. Eltern nicht blutsverwandt. Hasenscharte links. Spaltenbildung im weichen Gaumen. Soor. | |
| 77 | Milles, Johs., Maurerskind, Annenstr. 66. 17. 6. 91 verzogen nach Lauenburg). | LKG | P | | | 1 Tag | In der Familie keine Missbildungen. Hasenscharte links. Wolfsrachen. Die Gaumenspalte durchsetzt den harten Gaumen bis dicht ans foramen incisivum. | |
| 78 | Madsen, Christ., Landmannssohn, Launbergholz. 20. 8. 91 | LKG | | | Sp. 7 Tg. | 1 Tag | In der Familie keine Missbildungen. Eltern nicht blutsverwandt. Cheilo-gnatho-palatoschisis sin. Schwester hat Hüftgelenksluxation. | h. b.? |
| 79 | Petersen, Anna, Arbeiterskind, Winterbeckerstrasse 20 | LG | P | | | 1 Tag | Linksseitige unvollkommene Hasenscharte. Spaltung des weichen Gaumens. | |
| 80 | D., Irmgard, Pastorenkind, E. 17. 9. 91 | LKG | | | Sp. 12 Tg. | 2 Tage | In der Familie keine Missbildungen. Schwächliches Kind. Cheilo-gnatho-palatoschisis sin. | |
| 81 | Hinrichsen, Anna, Arbeiterskind, Teichstr. 10. 16. 9. 91 | LKG LKG | P | | | 1 Tag | Eltern nicht blutsverwandt. Ein Bruder 1878 an Hasenscharte operirt. Eine Schwester hat Schiefhals. Doppelseitige Hasenscharte, doppelseitiger Wolfsrachen. | h. b.? |
| 82 | Ploen, Mädchen, Arbeiterskind, Kiel. 12. 12. 91 | LKG ? | P | | | 1 Tag | Hasenscharte links, Wolfsrachen. | |
| 83 | Biss, Johs. Landmannssohn, Gr.-Harrie. 3. 1. 92 | L | L | | Sp. 8 Tg. | 4 Tage | In der Familie keine Missbildungen. Eltern sind Geschwisterkinder. 1. Kind. Die Nachgeburt war festgewachsen und musste vom Arzt in Narcose gelöst werden. Kleines Kind. Doppelseitige Hasenscharte 2. Gr. Das Mittelstück ist klein und dünn. | |

| Operation. | Heilungsverlauf. | Entwicklung des Kindes nach der Entlassung und definitives kosmetisches Resultat. | Todes ursache. | Alter beim Tode. | Bemerkungen über Zahnstellung. |
|---|---|---|---|---|---|
| Cheiloplastik. | | | | | |
| Cheiloplastik. | Heilung p. pr. | Gutes kosm. Resultat. | † an Lungen- entzündung. | ⁷/₁ J. | |
| Mirault- Langenbeck. | Heilung p. pr. | 15. 11. 92. Ziemlich kräftig gebautes Kind. Linker Nasenflügel ziemlich stark eingezo- gen.« Uranoplastik. Wei- tere Nachrichten fehlen. | | | |
| Cheiloplastik. | Heilung p. pr. | Lippe garnicht entstellt; die Narbe kaum zu sehen. | † an Lungen- entzündung?? | 8 W. | 3 Geschwister in gleichem Alter nach mehrstün- diger Krankheit plötzlich gestor- ben. Diagnose: Herzschlag. |
| Cheiloplastik. | | Über das weitere Schick- sal nichts zu erfahren. | | | |
| Cheiloplastik. | Heilung p. pr. | Kosm. Resultat lässt zu wünschen übrig. Ober- lippe stark gespannt. Un- terlippe hängt rüssel- artig nach unten. 1. 8. 93 Uranoplastik. | | | |
| Cheiloplastik. | Nach 5 Tagen eine Seite auf- geplatzt. 5 Wochen später 2. Operation | Lippe schön geheilt. Gutes kosm. Resultat. Kräftiges, nicht kränk- liches Kind. | † Diphtherie. | 8¹ ₂ Mon. | |
| Cheiloplastik. | | Über das fernere Schicksal nichts zu erfahren. | | | |
| Cheiloplastik. Blutung ver- hältnismässig stark. | 11. 1. 92. Links ist die Naht vollständig auf- geplatzt, rechts der rote Lippen- saum. 26. 3. 92. 2. Operation poliklinisch. | Durch die Operation ist eine Lippe geschaffen, welche nicht entstellt. Das Kind lebt und ist seit der Operation noch nie krank gewesen. | | | |

| No. | Name u. Geschlecht. Datum der Aufnahme ins Krankenhaus oder in die Poliklinik. | Diagnose. | Links | Rechts | Poliklin. Behandl. = P. | Spitalbeh. | Dauer. = Sp. | Alter bei der Operation. | Anamnese und Status praesens. | Heredität und Ätiologie. |
|---|---|---|---|---|---|---|---|---|---|---|
| 84 | Sebelin, Luise, Zimmermannskd. Gaarden. 30. 4. 92 | LKG | | | P | | | 2 Tage | Hasenscharte. Wolfsrachen links. | |
| 85 | Claussen, Bertha, Arbeiterskind, Traventhal b. Segeberg. 11. 5. 92 | LKG | | | | | Sp. 14 Tg. | 3 W. | In der Familie keine Missbildungen. Eltern nicht blutsverwandt. Cheilo-gnatho-palatoschisis sin. | |
| 86 | Wiese, Christian, Arbeiterssohn, Cleve b. Hennstedt. 27. 6. 92 | LKG | | | | | Sp. 12 Tg. | 4 Tage | In der Familie keine Missbildungen. Eltern nicht blutsverwandt. Cheilo-gnatho-palatoschisis sin. | |
| 87 | Schmalz, Knabe, Arbeiterskind. Knooperweg 96. 1. 7. 92 | L. | | | P | | | 1 Tag | In der Familie keine Missbildungen. Eltern nicht blutsverwandt. Zweites von 3 wohlgebildeten Kindern, gut entwickelt. Wenig Fruchtwasser. Hasenscharte 3. Gr. links. | »Versehen« im 1. Monat Gewaltiger Schreck; die Mutter schlu sich dabei mit beiden Händen vor Gesicht. |
| 88 | Ewers, Ferdin., Arbeiterskind, Schilksee. 26. 8. 92 (Altenholz b. Holtenau.) | | | | P | | | 3 W. | Hasenscharte. | |
| 89 | Schwarz, Robert, Stellmacherskind Garding. 26. 9. 92 | LKG | | | | | Sp. 5 Tg. | 8 W. | In der Familie keine Missbildungen. Eltern nicht blutsverwandt. Gut entwickeltes Kind. Lippen- u. Gaumenspalte rechts, auch der harte Gaumen ist beteiligt. Zwischenkiefer prominent. | |

| Operation. | Heilungsverlauf. | Entwicklung des Kindes nach der Entlassung und definitives kosmetisches Resultat. | Todesursache. | Alter beim Tode. | Bemerkungen über Zahnstellung. |
|---|---|---|---|---|---|
| Cheiloplastik. | | Ferneres Schicksal unbekannt. | | | |
| 7. 5. Op. der Lippe nach Hagedorn. | Heilung p. pr. nach 7 Tagen. Der linke Nasenflügel ist etwas nach einwärts und unten gezogen. | Das kosm. Resultat war, nach Angabe der Eltern ein schönes. | † an Masern. | 10 Mt. | |
| 9. 6. Op. nach Hagedorn. | 4. 7. Entfernung der Nähte. Heilung p. pr. 7. 7. Patient kann die Flasche gut nehmen, saugt kräftig. | Durch die Operation ist eine Lippe geschaffen, welche nicht entstellte. | † an Krämpfen. | 2 Mt. | |
| Cheiloplastik. | Heilung p. pr. | Breite symmetr. Lippe. Narbe erhaben. Kind hat viel Krämpfe gehabt. Seit 1 Jahre nicht mehr. | | | R L.<br>C H hn hn hnl H C<br>Spalt oder Narbe nicht vorhanden, doch ist der Kiefer an der Stelle der H dünner. H links klein und um ¼ Wendung gedreht. Sämtliche Zähne Wechselzähne. |
| 26. 9. Cheiloplastik. | 1. 10. Entfernung der Nähte. Heilung p. pr. | Narbe in der Lippe nach Angabe der Eltern kaum bemerkbar. Gut entwickeltes Kind. Ausser einer Erkältung und Masern keine Krankheiten. | | | R L.<br>C H hn hn / C<br>hn links schief und nach hinten. Der Schneidezahn zu nächst dem linken Eckzahn fehlt, die übrigen drei sind vorhanden. Der Spalt befindet sich zwischen der Lücke und dem Schneidezahn, welcher etwas schief und nach hinten steht. Die beiden andern Schneidezähne stehen normal |

| No. | Name u. Geschlecht. Datum der Aufnahme ins Krankenhaus oder in die Poliklinik. | Diagnose. | Links | Rechts | Poliklin. Hehandl. = P. | Spitalbeh. = S, Dauer. | Alter bei der Operation. | Anamnese und Status praesens. | Heredität und Ätiologie. |
|---|---|---|---|---|---|---|---|---|---|
| 90 | Muus, Emma, Arbeiterskind, Kattenberg. 7. 11. 92 | LKG ? | | | | Sp. 11 Tg. | 13 Mt. | In der Familie keine Missbildungen. Eltern nicht blutsverwandt. Labium et palatum fissum sin. | |
| 91 | Wetzel, Mädchen, Schneiderskind, Stiftstr. 2. 7. 12. 92 (Weberstr. 8.) | LKG | | | P | | 1 Tag | In der Familie der Mutter keine Missbildungen, über die Familie des Vaters nichts zu erfahren. Eltern nicht blutsverwandt. Cheilo-gnatho-palatoschisis dextr. Angeblich viel Fruchtwasser. Harter Gaumen breit gespalten, der Spalt im Alveolarfortsatz eng. | |
| 92 | Rathmann, Heinr. Arbeiterssohn, Erfde. 5. 12. 92 | ? | | | | Sp. 33 Tg. | 2½ J. | In der Familie keine Missbildungen. Eltern nicht blutsverwandt. Hasenscharte. Wolfsrachen. | |
| 93 | Laackmann, Knabe, Pastorensohn, Deetzbüll. 3. 2. 93 | LKG | | | | Sp. 10 Tg. | 6 W. | In der Familie keine Missbildungen. Eltern nicht blutsverwandt. Cheilo-gnatho-palatoschisis sin. Schwächliches Kind. | |
| 94 | Tönsfeldt, Hans, Bahnarb.-Kind, Ricklingen. 26. 9. 92 | LKG | | | | Sp. 5 Tg. | 9 W. | In der Familie keine Missbildungen. Eltern nicht blutsverwandt. Labium et palatum fissum dextr. | |
| 95 | Petersen, Alwine, Schneiderskind, Neumünster. 30. 5. 93 | L | | | P | | 5 W. | In der Familie keine Missbildungen. Hasenscharte rechts. | |

| eration. | Heilungsverlauf. | Entwicklung des Kindes nach der Entlassung und definitives kosmetisches Resultat. | Todes ursache. | Alter beim Tode. | Bemerkungen über Zahnstellung. |
|---|---|---|---|---|---|
| loplastik. | Geheilt entlassen 17. 11. 92. | Das Kind lebt und ist nicht sehr entstellt. Zähne sollen regelmässig stehen. | | | R 1. C // Im Im H C Der Spalt liegt genau in der Mitte zwischen C und Im. H fehlt. Zähne im Zwischenkiefer schief stehend. Zähne wohlgebildet. |
| loplastik. | Heilung p. pr. | Gute symmetr. Lippe, Narbe etwas prominirend. Rechtes Nasenloch etwas breiter Speisen gehen beim Essen nicht durch die Nase. Mit ½ und 1 Jahr Lungenentz., sonst nicht krank. | | | |
| 12. 92 u. 5. 1. 93 iloplastik. 5. 12. noplastik. | Geheilt entlassen 2. 2. 93. | Kind lebt. | | | |
| iloplastik. | Heilung p. pr. | Gutes kosm. Resultat. Die Lippe entstellte wenig. Mit 10 Monat. Cranoplastik. Das Kind war die letzten Monate seines Lebens brustleidend und starb im Alter von 14 Monaten. | † an eitriger Brustfellentzündung. | 14 Mt. | |
| iloplastik; 8 Monaten inoplastik. | Heilung p. pr. Dr. H.: Die Hasenscharte is bis auf einen kleinen Schönheitszipfel gut verheilt, desgleichen der Wolfsrachen. Das Kind ist gesund.« | Lippe wenig entstellt. Gleich nach der Entlassung aus dem Krankenhause soll das Kind sehr krank gewesen sein. Später hat es sich gut entwickelt. | | | R L. C. H Im Im C Eckzähne beiderseits normal, der äussere rechte Schneidezahn steht etwas schief, die beiden mittleren nach innen eingedrückt mit der inneren Kante einen nach innen ein springenden spitzen Winkel bildend Der linke äussere Schneidezahn fehlt ganz. Die Spalte liegt unmittelbar dem linken medialen Schneidezahn an, vom Eckzahn etwa 2 mm entfernt |
| ciloplastik. | | Vater 6. 4. 95 an Schwindsucht gestorben, ebenso 3 Kinder, 1 Kind an Gehirnentzündung. | † an Gehirnentzündung. | 1 Jahr | |

| No. | Name u. Geschlecht. Datum der Aufnahme ins Krankenhaus oder in die Poliklinik. | Diagnose. Links | Rechts | Poliklin. Behandl. = P. | Spitalbeh. = S. Dauer. | Alter bei der Operation. | Anamnese und Status praesens. |
|---|---|---|---|---|---|---|---|
| 96 | Klaussen, Friedrich, Arbeiterskind, Süderheistedt. 14. 8. 93 | LG | | | Sp. 31 | 3 W. | In der Familie keine Missbildungen. Eltern nicht blutsverwandt. Hasenscharte 3. Gr. links, Spaltung des weichen und harten Gaumens bis auf den Alveolarrand. Da gleich nach der Aufnahme ein mit hohem Fieber verbundenes Eczem eintritt, wird die Operation verschoben bis zum 2. 9. 93. |
| 97 | Griebel, Karl, Klempnerskind, Fährstr. 8 | LK | | P | | 2 Tage | Ein Bruder der Mutter hatte Hasenscharte, sonst in der Familie keine Missbildungen. 5. Kind, 4 ältere wohlgebildet. Cheilo-gnathoschisis sin. Rechts intrauterin sehr gut verheilte Hasenscharte, Narbe geht bis ins Nasenloch. |
| 98 | Förster,Hermann, Malerskind, Wellingdorf. 26. 12. 93 | LKG | | | Sp. 9 Tg. | 14 Tg. | 7. Kind, in der Familie sonst keine Missbildungen. Hasenscharte, Wolfsrachen links. |
| 99 | Albers, Mädchen, unehelich, Annenstr. 64 pt 22. 2. 94 | LKG | | P | | 13 Tg. | Lippenspalte rechts. Spalte geht durch Alveolarfortsatz und weichen Gaumen. |
| 100 | Weiland, Hans, Malerskind, Ütersen. 21. 1. 95 | L | | | Sp. 7 Tg. | 3 Mt. | In der Familie keine Missbildungen. Eltern nicht blutsverwandt. Unvollkommene Hasenscharte links. |
| 101 | Boldt, Line. Arbeiterskind, Gr. Kuhberg 10 IV 1. 3. 95 | L LKG | | P | | 3 Tage | In der Familie keine Missbildungen. Rechtsseitige unvollkommene Hasenscharte und vollkommener Wolfsrachen (1 cm): Links ins Nasenloch gehende Narbe von intrauterin verheilter Hasenscharte. |
| 102 | Langfeldt, Knabe, Landmannssohn, 8. 10. 84 | L | | | Sp. 4 Tg. | 5 Tage | Labium lepor. dextr. |
| 103 | Lohmann, Aug., Schreiberstocht., Friedrichsort. 7. 12. 87 | | | | Sp. 8 Tg. | 2 Tage | Cheilo-gnatho-palatoschisis. |
| 104 | Aten, Fritz, Schreiberskind, 6. 5. 87 | L | L | | Sp. 21 Tg. | | Doppelte Hasenscharte. |

| Operation. | Heilungsverlauf | Entwicklung des Kindes nach der Entlassung und definitives kosmetisches Resultat. | Todes ursache. | Alter beim Tode. | Bemerkungen über Zahnstellung. |
|---|---|---|---|---|---|
| eiloplastik. | Heilung p. pr. | Die Lippe war nur wenig entstellt. | † infolge der nach der Operation eingetretenen Schwäche. | 15 Tg. | |
| eiloplastik. | Heilung p. pr. | Sehr kräftiges Kind, war nie krank. Breite Lippe. Linkes Nasenloch weiter, Nasenflügel abgeflacht. Wulstige Narbe geht bis ins Nasenloch. Narbe rechts wenig auffällig. Kleiner Rüssel zwischen beiden Narben. | | | R l. C ‖ ln ln / C. Rechts kleine Furche zwischen ‖ und C. Zähne schief stehend. ‖ R sehr klein und schief. Der Spalt links sitzt dem ln. Sämtl. Wechselzähne. |
| eiloplastik. | Geheilt entlassen 4. 1. 94. | Ferneres Schicksal unbekannt. | | | |
| eiloplastik. | | Ferneres Schicksal unbekannt. | | | |
| heiloplastik. | 28. 1. Geheilt entlassen. | Auffällige Entstellung nicht vorhanden. 6 Monate alt, lebt. | | | |
| heiloplastik. | Heilung p. pr. | Gutes kosm. Resultat. Kräftiges, gesund. Kind. Rechtes Nasenloch wenig flacher, Lippe rechts ein Geringes schmäler. Kein Einkniff. | | | |
| 8. 10. 84 Op. nach Mir.-L. | 12. 10. Geheilt entlassen. | Unbekannt. | | | |
| 9. 12. 87 heiloplastik. | 14. 12. Geheilt entlassen. | Unbekannt. | | | |
| 8. 5. 87 heiloplastik. | 26. 5. 87. Geheilt entlassen. | Unbekannt. | | | |

| Name u. Geschlecht. Datum der Auf- No. nahme ins Kranken- haus oder in die Poliklinik. | Diagnose. | Links | Rechts | Poliklin. Be- handl. = P. | Spitalbeh. = S. Dauer. | Alter bei der Ope- ration. | Anamnese und Status praesens. | Heredi und Ätiolo |
|---|---|---|---|---|---|---|---|---|
| 105 Hengst, männl. Landmannskind. 22. 7. 87 | LKG | | | | | Sp. 9 Tg. | 1 Tg. Cheilo-gnatho-palatoschisis sin. | |
| 106 Carsten, Marie, Arbeiterskind, Ratzeburg. 20. 11. 90 | L . LKG | | | | | Sp. 7 Tg. | 5 Mt. Doppelseitige Hasenscharte. Wolfsrachen rechts. | |
| 107 Löffler, Gustav, Landarmer. 28. 11. 91 | L | | | | | Sp. 12 Tg. | 10 J. Unvollkommene Hasenscharte links. | |
| 108 Kähler, Fritz, Lehrerssohn. 12. 7. 93 | | | | | | Sp. 3 Tg. | 5 W. Hasenscharte. | h. b |
| 109 Kähler, Martha, Schneiderskind, Ütersen. 9. 1. 94 | | | | | | Sp. 38 Tg. | 6 W. Hasenscharte. | |
| 110 Dietmar, Marie, Preetz. 31. 12. 94 | LKG LKG | | | | | Sp. 32 Tg. | 4 Tage Cheilo-gnatho-palatoschisis dupl. Zwischenkiefer sehr prominent. | |
| 111 Sönksen, Detlef, Malerskind, Bordelum. 18. 2. 95 | LKG LKG | | | | | Sp. 31 Tg. | 4 W. Cheilo-gnatho-palatoschisis dupl. Zwischenkiefer sehr prominent. | |
| 112 Matuschak,Marie, Arbeiterskind, Kiel. 13. 4. 95 | LKG LKG | | | | | Sp. | 4 Tage Cheilo-gnatho-palatoschisis dupl. Zwischenkiefer sehr prominent. | |
| 113 Dill, Dorothea. Arbeiterskind. Hollenau. 15. 11. 94 | L | | P | | | 9 W. | Labium fissum sin. | |
| 114 Schuldt, Wilh., Arbeiterstochter, Schauenbgstr. 24. Anf. Januar 91. | L.(K) | | P | | | 3 W. | In der Familie keine Miss- bildungen. Eltern nicht bluts- verwandt. Lippenspalte 3. Gr. rechts. Kleiner Einkniff in der Alveole rechts. | |
| 115 B., Hans, Sohn d. Arztes, K. 88 | L | | P | | | ca. 3 Tage | Hasenscharte 3. Gr. links. | |

| Operation. | Heilungsverlauf. | Entwicklung des Kindes nach der Entlassung und definitives kosmetisches Resultat. | Todesursache | Alter beim Tode. | Bemerkungen über Zahnstellung. |
|---|---|---|---|---|---|
| 23. 7. 87 Op. nach Mir.-L. | 30. 7. 87. Geheilt entlassen. | Unbekannt. | | | |
| Cheiloplastik. | 27. 11. 90. Geheilt entlassen. | Unbekannt. | | | |
| . 12. 91 Cheiloplastik. | 10. 12. 91. Geheilt entlassen. | Unbekannt. | | | |
| 12. 7. Cheiloplastik. | 14. 7. Geheilt entlassen. | Lebt. | | | |
| Cheiloplastik. | 16. 2. 94. Geheilt entlassen. | | | | |
| Nicht operirt wegen allgem. Schwäche. | | | † Allgemeine Atrophie. Magen-Darmkatarrh. | 36 Tg. | |
| Subperiostale Osteotomie des Vomer. Cheiloplastik. | Naht vollkommen geplatzt. Zwischenkiefer prominirt. Naht des Zwischenkiefers hält nicht. | | † 21. 3. 95. | 8 W. | |
| Subperiostale Osteotomie des Vomer. Cheiloplastik. | Naht vollkommen geplatzt. Knochennaht des Zwischenkiefers hält nicht. | | † Magen-Darmkatarrh. Allgemeine Atrophie. | | |
| Cheiloplastik. | | | | | |
| Cheiloplastik. | Heilung p. pr. | Gut entwickeltes Kind, nie ernstlich krank. Gutes kosm. Resultat. Nasenflügel unbedeutend abgeflacht. | | | R L. C II/lnl ln ln II C . Sämtl. Wechselzähne. lnl gedreht und nach innen stehend. |
| Cheiloplastik | Heilung p. pr. | Gut entwickelter Knabe. Breite Lippe, linker Nasenflügel abgeflacht. Ins Lippenrot zieht sich ein schmaler weisser Streifen. Von der Lippe zieht zum II links eine schmale Hautfalte. | | | R L. C II ln ln II C II links um fast ½ Wendung gedrehter bleibender Schneidezahn. |

| Name u. Geschlecht. Datum der Auf- No. nahme ins Krankenhaus oder in die Poliklinik. | Diagnose. Links | Rechts | Poliklin. Behandl. = P. | Spitalbeh. = S, Dauer. | Alter bei der Operation. | Anamnese und Status praesens. |
|---|---|---|---|---|---|---|
| 116 Schw., Rudolf, Professorensohn, K. 93 | L.(K) | | P | | 8 Tage | In der Familie keine Missbildungen. Hasenscharte 3. Gr. links. Im Alveolarfortsatz links ein Spalt von ungefähr ¹/₂ cm Breite. |
| 117 Neve, Ernst, Arbeiterssohn, Walkerdamm 14. 14. 4. 96 | L.(K) | | P | | 2 Tage | In der Familie keine Missbildungen. Eltern nicht blutsverwandt. Rechtsseitige Hasenscharte 3. Gr., Spalt im Alveolarfortsatz rechts. Von dem Spalt zieht sich eine weisse Narbe durch die Mitte des hohen, spitzen Gaumengewölbes bis zur kurzen, am Ende geteilten Uvula. |

| peration. | Heilungsverlauf. | Entwicklung des Kindes nach der Entlassung und definitives kosmetisches Resultat. | Todes ursache. | Alter beim Tode | Bemerkungen über Zahnstellung. |
|---|---|---|---|---|---|
| ilo plastik. | Am Tage nach der Operation starke Rhinitis. Heilung p. pr. am 5. Tage. | Gut entw. Kind, häufig magenleidend. Linker Nasenflügel abgeflacht. Im Lippenrot links ein kleiner Buckel. Spalt im Alveolarfortsatz nicht mehr vorhanden. | | | R L. C H Im Im  C C rechts vorn Durchbruch. H links nicht vorhanden. Einkniff nicht zu sehen; bei der Geburt war der Einkniff so gross, dass ein Zahn Platz in ihm gehabt hätte. |
| ilo plastik. | Heilung p. pr. nach 5 Tagen. | Breite Lippe, rechter Nasenflügel etwas abgeflacht. Narbe unregelmässig, tritt stark hervor. In der Mitte des Lippenrots ein mässiger Buckel. Kräftiger Knabe, war nie krank. Näselnde Sprache. | | | R L CH/ Iml Im Im H C H und Iml um eine volle halbe Wendung gedreht, etwas kleiner. Die übrigen Zähne gut entwickelt. |

# Lebenslauf.

Peter Friccius, ev. Konfession, geboren am 25. Oktober 1865 zu Schülp im Kreise Norderdithmarschen, besuchte das Real-progymnasium zu Marne, das Realgymnasium zu Altona, erhielt Ostern 1886 das Reifezeugnis des Gymnasiums zu Kiel, studirte von Michaelis 1885 an in Kiel, München, Berlin und Freiburg i. Br., bestand das medizinische Staatsexamen zu Freiburg im Februar 1891, das Rigorosum in Kiel am 22. November 1893. Seit April 1891 Assistent am Anschar-Krankenhause und der chirurgischen Poliklinik zu Kiel.